植物學 中英百科 圖典

彭鏡毅◎著

佛焰花序 Spadix

申跋
Arisaema ringens

年輪 Annual ring

櫸
Zelkova serrata

引進植物 Introduced plant

緬梔（雞蛋花）
Plumeria rubra

頭狀花序 Capitulum

向日葵
Helianthus annuus

柔荑花序 Catkin

水柳
Salix warburgii

孔裂 Porous dehiscence

桔梗蘭
Dianella ensifolia

貓頭鷹

目次

作者序	6
推薦序	8
如何使用本書	10
一般名詞	12

苔蘚植物⋯⋯⋯⋯12
配子體⋯⋯⋯⋯13
孢子體⋯⋯⋯⋯13
維管束植物⋯⋯⋯14
擬蕨類⋯⋯⋯⋯15
小型葉⋯⋯⋯⋯15
蕨類植物⋯⋯⋯16
孢子囊群⋯⋯⋯16
孢膜⋯⋯⋯⋯17
假孢膜⋯⋯⋯⋯17
真蕨類⋯⋯⋯⋯18
蕨葉⋯⋯⋯⋯18
孢子⋯⋯⋯⋯19
孢子囊⋯⋯⋯⋯19
裸子植物⋯⋯⋯20
被子植物⋯⋯⋯21
單子葉植物⋯⋯⋯22
雙子葉植物⋯⋯⋯23
木本植物⋯⋯⋯24
草本植物⋯⋯⋯25
木質草本⋯⋯⋯26
木質化⋯⋯⋯⋯26
喬木⋯⋯⋯⋯27
灌木⋯⋯⋯⋯28
藤本植物⋯⋯⋯29
木質藤本⋯⋯⋯30
攀緣植物⋯⋯⋯31
纏繞植物⋯⋯⋯32

蔓性植物⋯⋯⋯33
原生植物⋯⋯⋯34
特有植物⋯⋯⋯35
外來植物⋯⋯⋯36
引進植物⋯⋯⋯36
歸化植物⋯⋯⋯37
入侵植物⋯⋯⋯38
活化石⋯⋯⋯⋯39
水生植物⋯⋯⋯40
挺水植物⋯⋯⋯41
沉水植物⋯⋯⋯42
固著浮葉植物⋯⋯43
漂浮植物⋯⋯⋯44
海飄植物⋯⋯⋯45
共生植物⋯⋯⋯46
附生植物⋯⋯⋯47
寄生植物⋯⋯⋯48
真菌異營植物⋯⋯49
沙丘植物⋯⋯⋯50
耐鹽植物⋯⋯⋯51
有毒植物⋯⋯⋯52
先驅植物⋯⋯⋯53
蜜源植物⋯⋯⋯54
粉源植物⋯⋯⋯55
一年生⋯⋯⋯⋯56
多年生⋯⋯⋯⋯57
纏勒現象⋯⋯⋯58
芽⋯⋯⋯⋯⋯59
不定芽⋯⋯⋯⋯60
鱗芽⋯⋯⋯⋯61
珠芽⋯⋯⋯⋯62
吸芽 / 根蘗⋯⋯⋯63
腺 / 腺體⋯⋯⋯64
腺點⋯⋯⋯⋯64
腺毛⋯⋯⋯⋯64
蜜腺⋯⋯⋯⋯65
蜜⋯⋯⋯⋯⋯65
花外蜜腺⋯⋯⋯65

癭⋯⋯⋯⋯⋯66
蟲癭⋯⋯⋯⋯66
學名⋯⋯⋯⋯67
俗名⋯⋯⋯⋯67

| 根 | 68 |

根⋯⋯⋯⋯⋯68
皮層⋯⋯⋯⋯68
髓⋯⋯⋯⋯⋯68
根冠⋯⋯⋯⋯69
根毛⋯⋯⋯⋯69
中柱⋯⋯⋯⋯69
鬚根⋯⋯⋯⋯70
主根 / 軸根⋯⋯⋯70
支根 / 側根⋯⋯⋯70
氣囊根⋯⋯⋯⋯71
儲存根⋯⋯⋯⋯72
不定根⋯⋯⋯⋯73
菌根⋯⋯⋯⋯74
攀緣根⋯⋯⋯⋯75
寄生根⋯⋯⋯⋯76
板根⋯⋯⋯⋯77
氣生根⋯⋯⋯⋯78
同化根⋯⋯⋯⋯79
支持根⋯⋯⋯⋯80
呼吸根⋯⋯⋯⋯81

| 莖 | 82 |

莖⋯⋯⋯⋯⋯82
主莖 / 樹幹⋯⋯⋯82
枝⋯⋯⋯⋯⋯82
節⋯⋯⋯⋯⋯83
節間⋯⋯⋯⋯83
表皮⋯⋯⋯⋯84
皮層⋯⋯⋯⋯84
維管束⋯⋯⋯⋯84

韌皮部…………84
形成層…………84
木質部…………84
髓…………84
樹皮…………87
葉痕…………88
皮孔 / 皮目…………89
皮刺…………90
棘刺…………91
木質…………92
草質…………93
肉質莖…………94
捲鬚…………95
塊莖…………96
球莖…………97
鱗莖…………98
假球莖…………99
地下莖 / 根莖 / 根狀
莖…………100
葉狀枝 / 葉狀莖…………101
稈…………102
年輪 / 樹輪…………103
直立莖…………104
斜升莖…………105
斜倚莖…………106
平臥莖…………107
匍匐莖…………108
走莖…………109
攀緣莖…………110
纏繞莖…………111

葉 **112**

葉…………112
葉脈…………112
主脈…………112
側脈…………112
細脈…………112

葉身…………112
葉緣…………112
葉柄…………112
葉基…………112
葉子先端…………113
常綠…………114
落葉…………115
異型葉…………116
孢子葉…………117
營養葉…………117
氣孔…………118
氣孔帶…………118
三出脈…………119
網狀脈…………120
羽狀網脈…………121
掌狀網脈…………122
平行脈…………123
側出平行脈 / 橫出平
行脈 / 羽狀平行脈……
…………124
直出平行脈…………125
針形…………126
線形…………127
披針形…………128
倒披針形…………129
鐮形…………130
橢圓形…………131
長橢圓形…………132
寬橢圓形…………133
卵形…………134
倒卵形…………135
心形…………136
倒心形…………137
盾形…………138
腎形…………139
圓形…………140
三角形…………141
倒三角形…………142

菱形…………143
匙形…………144
琴狀羽裂 / 大頭羽裂…
…………145
提琴形…………146
扇形…………147
箭形…………148
戟形…………149
鑿形…………150
鱗片狀…………151
抱莖…………152
耳狀抱莖…………153
銳尖…………154
漸尖…………154
芒尖…………154
細尖…………154
尾狀…………155
捲尾狀…………155
具短尖的…………155
具小短尖的…………155
驟突…………156
鈍…………156
圓…………156
微凹…………156
凹缺…………157
歪基…………157
楔形…………157
截形…………157
全緣…………158
鋸齒狀…………159
細鋸齒狀…………160
重鋸齒…………161
鈍齒狀 / 圓齒狀…………162
細圓齒狀…………163
波狀…………164
深波狀…………165
皺波狀…………166
齒牙狀…………167

毛緣⋯⋯⋯⋯168
裂片⋯⋯⋯⋯169
二裂⋯⋯⋯⋯170
三裂⋯⋯⋯⋯171
多裂⋯⋯⋯⋯172
全裂⋯⋯⋯⋯173
掌狀裂⋯⋯⋯174
羽狀裂⋯⋯⋯175
二回羽狀裂⋯⋯176
三回羽狀裂⋯⋯177
單葉⋯⋯⋯⋯178
複葉⋯⋯⋯⋯179
小葉⋯⋯⋯⋯179
單身複葉⋯⋯180
三出複葉⋯⋯181
掌狀複葉⋯⋯182
羽狀複葉⋯⋯183
葉軸⋯⋯⋯⋯183
奇數羽狀複葉⋯⋯184
偶數羽狀複葉⋯⋯185
一回羽狀複葉⋯⋯186
二回羽狀複葉⋯⋯187
多回羽狀複葉⋯⋯188
莖穿葉的⋯⋯189
葉序⋯⋯⋯⋯190
互生⋯⋯⋯⋯192
對生⋯⋯⋯⋯193
十字對生⋯⋯194
輪生⋯⋯⋯⋯195
叢生⋯⋯⋯⋯196
蓮座狀⋯⋯⋯197
莖生葉⋯⋯⋯198
基生葉⋯⋯⋯199
葉鞘⋯⋯⋯⋯200
托葉⋯⋯⋯⋯201

花　　　202

花⋯⋯⋯⋯⋯202

花瓣⋯⋯⋯⋯204
花冠⋯⋯⋯⋯204
萼片⋯⋯⋯⋯204
花萼⋯⋯⋯⋯204
花托⋯⋯⋯⋯204
花梗⋯⋯⋯⋯204
雌蕊⋯⋯⋯⋯204
雌器⋯⋯⋯⋯204
柱頭⋯⋯⋯⋯205
花柱⋯⋯⋯⋯205
子房⋯⋯⋯⋯205
胚珠⋯⋯⋯⋯205
雄蕊⋯⋯⋯⋯205
雄器⋯⋯⋯⋯205
花藥⋯⋯⋯⋯205
花絲⋯⋯⋯⋯205
完全花⋯⋯⋯206
不完全花⋯⋯207
單性花⋯⋯⋯208
兩性花⋯⋯⋯209
雜性花⋯⋯⋯210
無性花 / 中性花⋯⋯211
雌雄同株⋯⋯212
雌雄異株⋯⋯213
輻射對稱花 / 整齊花⋯
⋯⋯⋯⋯⋯214
兩側對稱花 / 不整齊
花⋯⋯⋯⋯⋯215
花被片⋯⋯⋯216
離瓣花⋯⋯⋯217
十字形⋯⋯⋯218
蝶形⋯⋯⋯⋯219
旗瓣⋯⋯⋯⋯219
龍骨瓣⋯⋯⋯219
翼瓣⋯⋯⋯⋯219
合瓣花⋯⋯⋯220
管狀 / 筒狀⋯⋯221
鐘狀⋯⋯⋯⋯222
輪狀⋯⋯⋯⋯223

唇形⋯⋯⋯⋯224
漏斗狀⋯⋯⋯225
壺狀⋯⋯⋯⋯226
高杯狀⋯⋯⋯227
副花冠⋯⋯⋯228
距⋯⋯⋯⋯⋯229
心皮⋯⋯⋯⋯230
子房⋯⋯⋯⋯232
上位花⋯⋯⋯234
下位花⋯⋯⋯235
周位花⋯⋯⋯236
邊緣胎座⋯⋯237
中軸胎座⋯⋯238
側膜胎座⋯⋯239
獨立中央胎座⋯⋯240
基生胎座⋯⋯241
離生雄蕊⋯⋯242
單體雄蕊⋯⋯243
二體雄蕊⋯⋯244
多體雄蕊⋯⋯245
二強雄蕊⋯⋯246
四強雄蕊⋯⋯247
聚藥雄蕊⋯⋯248
基著藥⋯⋯⋯249
背著藥⋯⋯⋯250
丁字著藥⋯⋯251
縱裂⋯⋯⋯⋯252
橫裂⋯⋯⋯⋯253
孔裂⋯⋯⋯⋯254
瓣裂⋯⋯⋯⋯255
花粉⋯⋯⋯⋯256
花粉塊⋯⋯⋯256
蜜源標記 / 蜜源導引⋯
⋯⋯⋯⋯⋯257
苞片⋯⋯⋯⋯258
小苞片⋯⋯⋯258
總苞⋯⋯⋯⋯259
總苞片⋯⋯⋯259
副萼⋯⋯⋯⋯259

花托筒 / 托杯……260
花葶……261
小花……262
舌狀花……262
花序……263
花序軸……263
花序梗……263
無限花序……264
有限花序……265
總狀花序……266
圓錐花序……267
穗狀花序……268
柔荑花序……269
佛焰花序 / 肉穗花序……270
繖房花序……271
繖形花序……272
複繖形花序……273
頭狀花序……274
隱頭花序……275
聚繖花序……276
複聚繖花序……277
大戟花序 / 杯狀聚繖花序……278
蠍尾狀花序……279
單頂花序 / 單生花……280
簇生花序……281
孢子葉球 / 毬花 / 孢子囊穗……282
幹生花……283

果　284

果實……284
果皮……284
種子……284
真果……285
假果……285

單果……286
乾果……287
蒴果……288
蓋果 / 蓋裂蒴果……289
長角果……290
短角果……291
蓇葖果……292
莢果……293
翅果……294
堅果……295
小堅果……295
穎果……296
胞果 / 囊果……297
離果……298
瘦果……299
冠毛……299
肉果……300
漿果……301
柑果……302
瓜果 / 瓠果……303
核果……304
仁果 / 梨果……305
聚合果 / 集生果……306
聚花果 / 多花果……307
隱花果 / 隱頭果……308
毬果……309
殼斗……310
果托 / 種托……311

籽　312

雙子葉……312
胚芽……312
下胚軸……312
胚根……312
子葉……312
單子葉……314
種皮……314
胚乳……314

盾片 / 胚盤……314
芽鞘……314
胚芽……314
根鞘……314
種臍……316
假種皮……317
種髮……318
具翅種子……319

名詞中文索引 320
（依筆畫）

名詞英文索引 325
（A 到 Z）

收錄植物中文索引
（依筆畫）　**331**

收錄植物學名索引
（A 到 Z）　**340**

■ 作者序

以圖解詞，認識台灣植物的最佳工具書

　　台灣地處歐亞大陸與太平洋的交界，在此亞熱帶的蕞爾小島高山林立，垂直縱深幾達 4,000 公尺，形成熱、暖、溫、寒不同的氣候帶，孕育維管束植物多達 4,000 種，物種與生態多樣性非常高，堪稱地球上重要的生物資源庫。

　　台灣的植物愛好者眾，國人對於植物辨識有廣泛的興趣，坊間介紹植物的書籍也很多，但對於植物分類術語的解說往往欠缺。有鑑於此，本圖典依序以植物的根、莖、葉、花、果實、種子六大器官為編輯主軸，以台灣生活常見或具有特色的本土植物為例，「以圖解詞」的方式淺顯易懂地說明植物形態術語，期能滿足植物、園藝、森林、農藝等相關學科師生及植物愛好人士的需求。

　　本圖典共收錄 467 條植物學常用的中英對照專業術語，千餘張精彩生態照片，力求呈現台灣本土植物之多樣性與獨特性。本圖典從植物形態學及分類學的角度出發，可做為台灣本土植物自導式觀察比對學習的工具書。

　　本書得以順利付梓，首先感謝國科會「數位典藏創意加值計畫」與貓頭鷹出版社的大力支持；責任編輯李季鴻、陳妍妏對本書品質的要求與孜孜矻矻的敬業精神令人敬佩；感謝嘉利博資訊有限公司張傳英、黃翠瑾等協作素材拍攝、精美繪圖與資料整理。本書圖片除了作者親自拍攝之外，歷任助理及學界友人古訓銘、伍淑惠、吳俊奇、林哲緯、胡嘉穎、胡維新、翁茂倫、許文宗、郭信厚、郭城孟、陳子英、陳正為、陳奐宇、陳建志、陳柏璋、陳逸忠、陳觀斌、曾彥學、黃建益、楊勝任、楊巽安、楊智凱、楊嘉棟、趙建棣、蕭淑娟、蕭慧君、賴易秀、謝東佑、鍾國芳、簡萬能、顏江河及蘇鴻傑等提供許多精彩圖幅與建議，另外要感謝翻譯何孟容，英文審訂 Mark Hughes、Travis David Schoneman；胡嘉穎、陳觀斌在出版前不辭辛勞，不眠不休協力編輯校稿，特致由衷謝忱。

　　本書雖經多次校對，然而倉促附梓，誤漏在所難免，敬祈學者專家先進前輩不吝賜教指正。

彭鏡毅

中央研究院 生物多樣性研究中心 研究員

生物多樣性研究博物館主任 謹識

Defining Terms with Photographs, the Best Reference Book for Learning Botanical Terminology

Taiwan is situated on the boundary of the Eurasian Plate and the Pacific Ocean. Its subtropical location combined with several parallel north-south running steep mountain ranges up to 4,000 m create a wide array of vegetation types and habitats. Ecological features range from tropical to alpine, which support a rich and diverse vegetation and flora of 4,000 species of vascular plants, a quarter of which are endemic.

The diverse flora of Taiwan attracts a large number of plant enthusiasts, both domestic and international, and many show great interest in accurately identifying the plants they encounter. While botanical references and plant books abound in the market, there is a lack of a comprehensive photographic guide to the terminology of plant taxonomy. With this in mind we have created this pictorial compilation using many indigenous Taiwanese plants to describe and illustrate plant morphologies graphically for teachers and students of botany, gardening, forestry, and agriculture, as well as all fellow plant enthusiasts interested in familiarizing themselves with the flora of Taiwan.

This illustrated account compiles 467 entries of commonly used botanical terminology in both Chinese and English, and features over a thousand plant photographs, which showcase the diversity and uniqueness of Taiwan's indigenous plants. In fact, it is the illustrations which make this dictionary of plant terminology an invaluable learning tool for professionals and amateurs alike.

I would like to express my appreciation to the two editors responsible for maintaining the highest level of excellence, Chen Yen-Wen and Lee Chi-Hung. In addition to the photos I have personally contributed there are numerous colleagues, associates, assistants and friends who have generously contributed photos to illustrate various aspects of plant morphology in this book, and to all these plant enthusiasts listed below I extend my deepest gratitude: Chao Chien-Ti, Chen Cheng-wei, Chen Chien-Chih, Chen Huan-Yu, Chen Kuan-Pin, Chen Po-Chung, Chen Tze-Ying, Chen Yi-Chung, Chung Kuo-Fang, Hsiao Shu-Chuan, Hsieh Tung-Yu, Hsu Wen-Tsung, Hu Chia-Ying, Hu Wei-Hsin, Huang Chien-I, Jane Wann-Neng, Ku Shin-Ming, Kuo Chen-Meng, Kuo Hsin-Hou, Lai Yi-Hsiu, Lin Che-Wei, Shiau Hwei-Jun, Su Horng-Jye, Tseng Yen-Hsueh, Weng Mao-Lun, Wu Chun-Chi, Wu Shu-Hui, Yang Chih-Kai, Yang Hsun-An, Yang Jia-Dong, Yang Sheng-Zehn, and Yen Chiang-Her.

My thanks go also to Chang Chuan-Ying and Huang Tsuei-Chin of Caliber Multimedia Technology for their initial collaboration in this project.

My gratitude goes to Ho Meng-Jung and Travis David Schoneman for their fine English translation, and Mark Hughes for reviewing the botanical accuracy of this English translation. Finally, I wish to express my deep appreciation to Hu Chia-Ying and Chen Kuan-Pin for their diligence and precision in checking and editing the pre-publication draft.

Since 2011 this book has gone through three editions in Chinese, and now I take great pleasure and satisfaction in presenting the first bilingual edition of this copiously illustrated guide to a detailed glossary of plant terminology.

I take sole responsibility for any errors which may have occurred inadvertently.

Peng Ching-I,

Research Fellow
Director Biodiversity Research Museum,
Biodiversity Research Center, Academia Sinica

在我擔任《中國植物誌》（Flora of China）主編的二十餘年間，常目睹中文母語人士跟英文或其它母語人士在討論溝通植物形態時面臨的重重困難。二〇一四年初，我們共已完成出版了四十九冊，並全部上線，但溝通問題卻仍多懸而未決。為求分類概念符合國際水平，編委會要求各科的植物至少由一位中文及一位外文作者合作撰寫。由於植物世界不分國界，我們期望這部書的分類能與國際接軌，廣獲全球接納。為了達成這個目標，我們必須能夠準確描述每種植物以讓雙方理解，《植物學中英百科圖典》的問世在這方面對我們大有裨益。

本書的一大特點在於收錄了彭鏡毅博士與同儕所拍攝的千餘張台灣植物精美照片，每張照片都經過巧思編排，結合正確簡明的文字說明，對讀者理解分類形狀描述甚有裨益。由於本書相當實用，廣受中文讀者歡迎，中文版至今已再版多次。目前此一全新嘗試的雙語版本配合清晰照片有助讀者了解中英兩種語言的植物專業術語。台灣約有四千種維管束植物，本書收錄了近七百種本土植物的彩色照片，藉以輔助呈現書中內容。自二〇一一年本書的中文初版問世以來，先後三個版本蒙各界指教，內容遂更臻精確完善，如今這本雙語圖典必將廣獲國際植物界人士充分利用。

現在您手上的這本中英圖典，對不同母語背景的人學習植物各部位形態特徵的專業術語貢獻良多。本書確實讓許多愛好植物的專業及業餘人士獲益匪淺，所有圖書館皆應列為必備館藏。因此我鄭重推薦中央研究院彭鏡毅博士精心編撰的《植物學中英百科圖典》。

彼得・雷文（Peter H. Raven）院士
密蘇里植物園榮譽園長

For more than two decades, while serving as co-editor of the *Flora of China*, my coworkers and I had ample opportunity to observe the difficulty of communicating about plants that arose between native speakers of Chinese and those whose mother tongue was English or some other language. Our work was completed online and in 49 published volumes early in 2014, but the problems of communication regarding plant morphology remained largely unsolved. The treatment of each plant group was prepared by at least one Chinese and one foreign author, an arrangement that resulted from the editorial committee's effort to bring the taxonomic concepts used in our publication up to the best possible international standards. By doing so, we were honoring the expectation that the classification of plants needs to be international in nature and globally acceptable: plant species do not respect national boundaries. For us to be able to communicate about plants accurately they must have the same official scientific name, a Latinized binomial system whenever and wherever they occur. In order to accomplish this, we must have the means of providing understandable and accurate description of specific parts of individual species. This book, The Chinese-English Illustrated Botanical Glossary, makes a major contribution to enhancing our ability to fulfill this goal.

A very special feature of this book consists of the excellent photographs of the individual plant features taken by Ching-I Peng and his associates, and skillfully edited to present the terms under discussion with great precision and clarity. The photographic illustrations are clear and extremely useful in understanding the descriptive words used. The current bilingual edition will assist greatly in harmonizing the names used for the illustrated characteristics on an international basis. As in earlier Chinese editions, about 700 vascular plant species from Taiwan (out of a total of the approximately 4,000 that occur on this subtropical island) have been used to illustrate and clarify the botanical terminology . Useful as the Chinese versions have been and may continue to be, it is the current bilingual glossary which will be of far greater significance to the global botanical world.

This bilingual edition that you hold in your hands is an excellent contribution to the understanding of botanical terms by people of different linguistic backgrounds who nonetheless need to understand the specialized vocabulary required to describe specific plant parts. As such, it will be extremely helpful to a much wider audience than the Chinese versions have been, and should become part of all botanical libraries. It is a matter of special pride to me to introduce a book of such significance prepared by my former student, Dr. Ching-I Peng.

Prof. **Peter H. Raven,**
President Emeritus, Missouri Botanical Garden, St. Louis, Missouri, U.S.A.

如何使用本書

　　為方便讀者快速檢索，本書提供五種查詢方式。如果你知道中文術語，可以從**目次（P.2）**或**中文索引（P.320）**查到該名詞所在頁數與內容；若知道的是英文術語，則可從**英文索引（P.325）**查到其對應的中文名和該名詞頁數與內容。如果你已知植物的中文名，想知道其代表哪個植物形態術語，可從**收錄植物中文索引（P.331）**中查到其在本書中的頁數；若已知植物的學名，則可從**收錄植物學名索引（P.340）**中查到其在本書中的頁數。

內頁編排說明

植物中文術語
The Chinese morphological term

英文術語
The English name of the term

術語解釋
The description of the term

範例植物：清晰的去背圖片，以拉線圖說
的方式輔助說明
The plant illustrating the morphological term: Distinct plant photo without background distraction and interpret with an indicated line.

範例植物的科名
The family name of the representative plant

範例植物的中文俗名
The Chinese common name of the representative plant

範例植物的學名
The scientific name of the representative plant

其他範例植物
Other examples

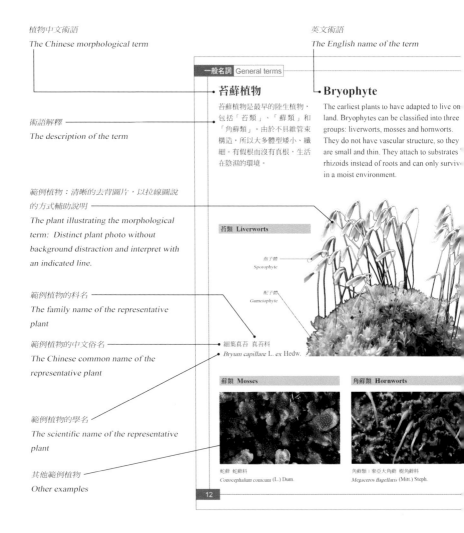

一般名詞 General terms

苔蘚植物

苔蘚植物是最早的陸生植物，包括「苔類」、「蘚類」和「角蘚類」。由於不具維管束構造，所以大多體型矮小、纖細。有假根而沒有真根，生活在陰濕的環境。

Bryophyte

The earliest plants to have adapted to live on land. Bryophytes can be classified into three groups: liverworts, mosses and hornworts. They do not have vascular structure, so they are small and thin. They attach to substrates rhizoids instead of roots and can only survive in a moist environment.

苔類 Liverworts

孢子體
Sporophyte

配子體
Gametophyte

細葉真苔 真苔科
Bryum capillare L. ex Hedw.

蘚類 Mosses

蛇苔 蛇苔科
Conocephalum conicum (L.) Dum.

角蘚類 Hornworts

角蘚類：東亞大角蘚 樹角蘚科
Megaceros flagellaris (Mitt.) Steph.

12

10

How to use this book

This book offers five ways to quickly search for the information you want. If you know the Chinese term, you can turn to the **Table of Contents (page 2)** or **Chinese Index (page 320)** to find the page with the subject matter about the term. If you know the English term, you can start with the **English Index (page 325)** to find the corresponding Chinese term and page with the subject matter. If you know the Chinese name of a plant and want to explore the kind of morphological traits it illustrates in this book, you can look up the name in the **Chinese Name Index (page 331)** to find the page. Finally, if you know the plant's scientific name, you can refer to the **Scientific Name Index (page 340)**.

How each glossary page is arranged

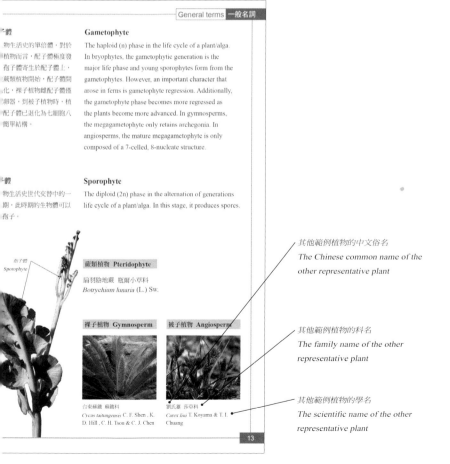

General terms 一般名詞

配子體
植物生活史的單倍體，對於
維管束植物而言，配子體極度發
達，孢子體寄生於配子體上，
蕨類植物開始，配子體開
始退化，裸子植物雌配子體僅
存頸卵器，到被子植物時，植
物配子體已退化為七細胞八
核單套結構。

Gametophyte

The haploid (n) phase in the life cycle of a plant/alga. In bryophytes, the gametophytic generation is the major life phase and young sporophytes form from the gametophytes. However, an important character that arose in ferns is gametophyte regression. Additionally, the gametophyte phase becomes more regressed as the plants become more advanced. In gymnosperms, the megagametophyte only retains archegonia. In angiosperms, the mature megagametophyte is only composed of a 7-celled, 8-nucleate structure.

孢子體
植物生活史世代交替中的一
期，此時期的生物體可以
孢子。

Sporophyte

The diploid (2n) phase in the alternation of generations life cycle of a plant/alga. In this stage, it produces spores.

孢子體
Sporophyte

蕨類植物 **Pteridophyte**

扇羽陰地蕨 瓶爾小草科
Botrychium lunaria (L.) Sw.

裸子植物 **Gymnosperm**

台東蘇鐵 蘇鐵科
Cycas taitungensis C. F. Shen , K. D. Hill , C. H. Tsou & C. J. Chen

被子植物 **Angiosperm**

劉氏薹 莎草科
Carex hui T. Koyama & T. I. Chuang

其他範例植物的中文俗名
The Chinese common name of the other representative plant

其他範例植物的科名
The family name of the other representative plant

其他範例植物的學名
The scientific name of the other representative plant

13

11

苔蘚植物

苔蘚植物是最早的陸生植物，包括「苔類」、「蘚類」和「角蘚類」。由於不具維管束構造，所以大多體型矮小、纖細。有假根而沒有真根，生活在陰濕的環境。

Bryophyte

The earliest plants to have adapted to live on land. Bryophytes can be classified into three groups: liverworts, mosses and hornworts. They do not have vascular structure, so they are small and thin. They attach to substrates by rhizoids instead of roots and can only survive in a moist environment.

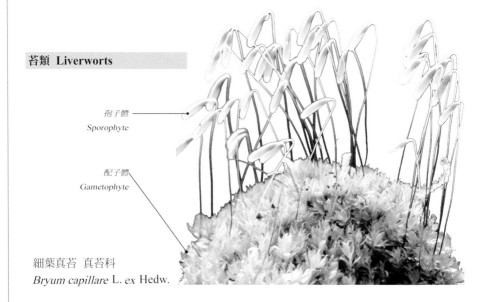

苔類 Liverworts

孢子體
Sporophyte

配子體
Gametophyte

細葉真苔 真苔科
Bryum capillare L. *ex* Hedw.

蘚類 Mosses

蛇蘚 蛇蘚科
Conocephalum conicum (L.) Dum.

角蘚類 Hornworts

東亞大角蘚 樹角蘚科
Megaceros flagellaris (Mitt.) Steph.

配子體

指生物生活史的單倍體，對於苔蘚植物而言，配子體極度發達，孢子體寄生於配子體上，而從蕨類植物開始，配子體開始退化，裸子植物雌配子體僅剩藏卵器，到被子植物時，植物的配子體已退化為七細胞八核的簡單結構。

Gametophyte

The haploid (n) phase in the life cycle of a plant/alga. In bryophytes, the gametophytic generation is the major life phase and young sporophytes form from the gametophytes. However, an important character that arose in ferns is gametophyte regression. Additionally, the gametophyte phase becomes more regressed as the plants become more advanced. In gymnosperms, the megagametophyte only retains archegonia. In angiosperms, the mature megagametophyte is only composed of a 7-celled, 8-nucleate structure.

孢子體

為生物生活史世代交替中的一個時期，此時期的生物體可以產生孢子。

Sporophyte

The diploid (2n) phase in the alternation of generations life cycle of a plant/alga. In this stage, it produces spores.

孢子體
Sporophyte

蕨類植物 Pteridophyte

扇羽陰地蕨　瓶爾小草科
Botrychium lunaria (L.) Sw.

裸子植物 Gymnosperm

台東蘇鐵　蘇鐵科
Cycas taitungensis C. F. Shen , K. D. Hill , C. H. Tsou & C. J. Chen

被子植物 Angiosperm

劉氏薹　莎草科
Carex liui T. Koyama & T. I. Chuang

維管束植物

具「維管束」的植物之統稱，包括蕨類、裸子及被子植物。維管束是由木質部和韌皮部成束狀排列的結構，連通根、莖、葉構成維管系統，可輸導水分、無機鹽和有機養料等，也有支持植物體的作用。

Vascular plant / Tracheophyte

A common name for a plant that contains vascular bundles, including ferns, gymnosperms and angiosperms. A vascular bundle is a structure composed of xylem and phloem cells lined up adjacently to form a strand that spans from the roots, through stems and to the leaves. It not only conducts water, inorganic salt and organic nutrients, but also has the function of supporting the plant body.

被子植物 Angiosperm

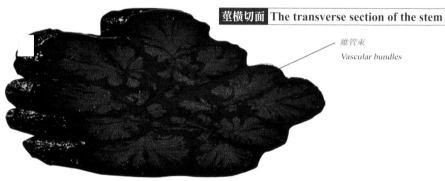

莖橫切面 The transverse section of the stem

維管束
Vascular bundles

菊花木　豆科
Bauhinia championii (Benth.) Benth.

裸子植物 Gymnosperm

大葉羅漢松　羅漢松科
Podocarpus macrophyllum (Thunb.) Sweet

蕨類植物 Pteridophyte

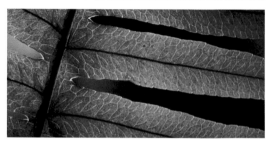

阿里山水龍骨　水龍骨科
Polypodium amoenum Wall. *ex* Mett.

擬蕨類

較原始的蕨類，葉片通常為小型葉，僅具一條中肋或無葉脈；孢子囊著生於葉腋，或聚成孢子囊穗。在台灣有石松科、卷柏科、水韭科、木賊科、松葉蕨科。

Fern allies

Ferns which contain relatively small leaves, called microphylls, that may have either a distinct or an indistinct midrib. The sporangia grow on the axillary of microphylls or group into strobili, or cones. In Taiwan, fern ally families include Lycopodiaceae, Selaginellaceae, Isoetaceae, Equisetaceae and Psilotaceae.

小型葉

僅具單一不分支之葉脈的葉子。

Microphyll

A small leaf with a single, unbranched vein.

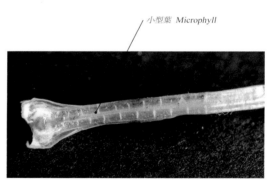

小型葉 *Microphyll*

台灣水韭 水韭科
Isoetes taiwanensis DeVol

木賊 木賊科
Equisetum ramosissimum Desf.

松葉蕨 松葉蕨科
Psilotum nudum (L.) Beauv.

全緣卷柏 卷柏科
Selaginella delicatula (Desv.) Alston

蕨類植物

蕨類植物屬於多年生草本植物，是最古老的維管束植物。介於苔蘚植物和種子植物之間的孢子植物，不生產果實和種子，靠著孢子囊內的孢子來繁衍後代，在其一生的世代交替中，孢子體和配子體分別獨立生活。

Pteridophyte

A pterophyte is a perennial herb, which is also the most ancient vascular plant. Pterophytes are spore-producing plants that are descended from bryophytes but more primitive than seed plants. They reproduce by spores instead of seeds. The sporophyte and gametophyte are separate independent organisms in the alternation of generations.

反捲葉石松 石松科
Lycopodium quasipolytrichoides Hayata

崖薑蕨 水龍骨科
Pseudodrynaria coronans (Wall. *ex* Mett.) Ching

孢子囊群

集生在一起的一群孢子囊。孢子囊群之形狀、排列方式、著生位置以及有無孢膜等特徵為蕨類植物的重要分類依據。

Sorus

A cluster of sporangia. It is an important character for classifying ferns by shape, arrangement and presence or absence of an indusium.

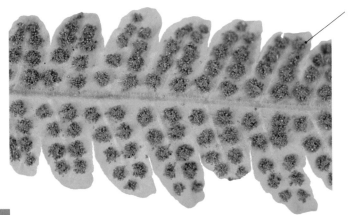

孢子囊群 Sorus

野毛蕨 金星蕨科
Cyclosorus dentatus (Forssk.) Ching

孢膜

孢子囊群外側特化之保護構造，
其外形及著生方式隨分類群而異。

Indusium / Indusia

A specialized thin, protective layer covering a group
of sori. Indusia vary widely in morphology.

孢膜 Indusium / Indusia

蓬萊蹄蓋蕨 蹄蓋蕨科
Athyrium nigripes (Blume) T. Moore

生芽狗脊蕨 烏毛蕨科
Woodwardia unigemmata (Makino) Nakai

烏毛蕨 烏毛蕨科
Blechnum orientale L.

假孢膜

孢子囊群外側之保護構造，由葉
緣反捲所形成，而非特化之組織。

Pseudo-indusium / False indusium

A protective structure composed of a reflexed leaf
margin which covers a group of sori instead of
specialized tissues.

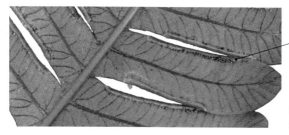

假孢膜
Pseudo-indusium / False indusium

鈴木氏鳳尾蕨 鳳尾蕨科
Pteris tokioi Masam.

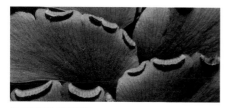

半月鐵線蕨 鐵線蕨科
Adiantum philippense L.

日本金粉蕨 鳳尾蕨科
Onychium japonicum (Thunb.) Kunze

真蕨類

較現代的蕨類，具大型葉，葉脈多數、分叉；孢子囊著生於葉背或葉緣，常形成孢子囊群。

Fern / True fern

Modern ferns which contain relatively large leaves, called megaphylls or macrophylls, with many divided veins. The sporangia grow on the lower surface or the leaf margins and usually form sori.

葉脈多數、分叉。
Veins are multiple and furcated.

台灣毛蕨 (台灣圓腺蕨) 金星蕨科
Cyclosorus taiwanensis (C. Chr.) H. Ito

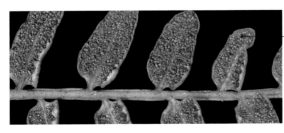

孢子囊著生於葉背，形成孢子囊群。
The sporangia grow on the lower surface and form sori.

刺蕨 羅蔓藤蕨科
Egenolfia appendiculata (Willd.) J. Sm.

蕨葉

蕨類的葉特稱為蕨葉。

Frond

The leaves of ferns are called fronds.

蕨葉 *Frond*

烏毛蕨 烏毛蕨科
Blechnum orientale L.

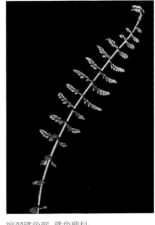

縮羽鐵角蕨 鐵角蕨科
Asplenium incisum Thunb.

孢子

有些細菌、真菌、藻類和非開花植物會產生具有繁殖能力，通常微小的單細胞，在惡劣的環境中可休眠，並在有利條件下發育成新個體。生物通過無性生殖產生的孢子叫「無性孢子」；反之，通過有性繁殖產生的孢子稱為「有性孢子」。

Spore

A small, usually unicellular, reproductive unit produced by bacteria, fungi, algae and non-flowering plants. It can be dormant during adverse circumstances, and develop into a new organism when conditions become favorable. If the spore is produced by the formation and fusion of gametes, it is called a "sexual spore", but if not, it is called an "asexual spore".

孢子囊

植物或真菌製造並容納孢子的組織。孢子囊會出現在被子植物、裸子植物、蕨類植物、苔蘚植物、藻類和真菌等生物。

Sporangium

A structure that produces and contains spores. This structure appears in algae, mosses, fungi, ferns, gymnosperms and angiosperms.

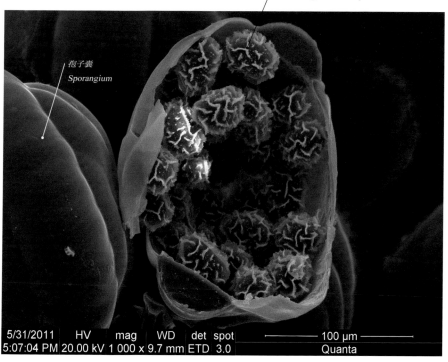

孢子囊成熟開裂，露出孢子。
A mature and dehiscent sporangium showing release of spores.

孢子囊
Sporangium

5/31/2011 | HV | mag | WD | det | spot | ————— 100 μm —————
5:07:04 PM | 20.00 kV | 1 000 x | 9.7 mm | ETD | 3.0 | Quanta

裸子植物

裸子植物的最大特徵是胚珠裸
露在外面，種子通常長在由鱗
片組成的毬果內，葉多為針狀
或鱗片狀。

Gymnosperm

The key feature of gymnosperms is that they
have ovules that are not enclosed in ovaries.
Gymnosperm seeds usually form on the scales
of cones. They have needle-like or scale-like
leaves. Unlike the angiosperms, gymnosperms
have neither fruits nor flowers.

種子裸露
Naked-seeds

蘇鐵　蘇鐵科
Cycas revoluta Thunb.

扁柏　柏科
Chamaecyparis taiwanensis Masam. &
Suzuki

台灣油杉　松科
Keteleeria davidiana (Franchet) Beissner var.
formosana Hayata

被子植物

被子植物是最高等的植物，它的根、莖、葉發展完善，可以適應各種環境，有真正的花，胚珠包裹在子房內，種子由果實保護，不會裸露在外。

Angiosperm

The most advanced plants. They are suitable for various environments with complete root, stem and leaf development. Angiosperms have real flowers. The ovules are formed within ovaries and seeds are not "naked", but encased in and protected by fruits.

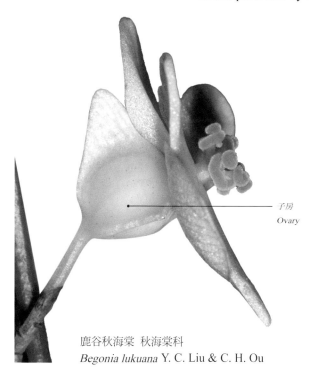

子房
Ovary

鹿谷秋海棠 秋海棠科
Begonia lukuana Y. C. Liu & C. H. Ou

台灣檫樹 樟科
Sassafras randaiense (Hayata) Rehder

大葉山欖（台灣膠木） 山欖科
Palaquium formosanum Hayata

21

單子葉植物

植物種子的胚具一枚子葉，通常葉脈為平行，花瓣為 3 的倍數，這類植物為單子葉植物。

Monocotyledon/ Monocot

Plants in which the seed embryos contain one cotyledon. Most monocots have leaves with parallel veins and flowers that are trimerous.

玉蜀黍（玉米）　禾本科
Zea mays L.

小杜若　鴨跖草科
Pollia miranda (H. Lev.) H. Hara

鈴木油點草　百合科
Tricyrtis suzukii Masam.

雙子葉植物

植物種子的胚具二枚子葉，通常葉脈為網狀，花瓣為 4 或 5 的倍數，這類植物為雙子葉植物。

Dicotyledon/ Dicot

Plants in which the seed embryos typically have two cotyledons. Dicots usually have leaves with netted veins and petals in sets of four or five.

子葉
Cotyledon

綠豆 豆科
Vicia radiatus L.

坪林秋海棠 秋海棠科
Begonia pinglinensis C. I Peng

玉山舖地蜈蚣 薔薇科
Cotoneaster morrisonensis Hayata

木本植物

莖部有形成層，會產生次級木
質部的植物；常為多年生的喬
木、灌木或木質藤本。

Woody plant

Plants with a secondary lignified xylem, which
is formed by the vascular cambium. It is
commonly seen in perennial trees, shrubs and
lianas.

莖部有形成層
Stem with
vascular cambium

香椿 棟科
Toona sinensis (A.Jussieu) M.Roemer

黃杉 松科
Pseudotsuga sinensis Dode

蓮葉桐 蓮葉桐科
Hernandia nymphiifolia (C. Presl) Kubitzki

草本植物

莖部沒有形成層的植物。

Herbaceous plant / Herb

Herbaceous plants have stems without a
vascular cambium.

莖部沒有形成層
Stem without vascular cambium

黃花過長沙舅 車前科
Mecardonia procumbens (Mill.) Small

台灣草莓 薔薇科
Fragaria hayatae Makino

柔毛樓梯草 蕁麻科
Elatostema villosum B. L. Shih & Yuen P. Yang

木質草本

莖下部多少會木質化的多年生
草本植物。

Woody herb

A perennial herb in which the lower part of the
stem has lignified tissue.

木質化

莖部的細胞壁因木質素積累，而
變得堅固的現象，稱為木質化。

Lignified

The thickening and hardening of plant cell walls in
the stem, caused by the deposition of lignin.

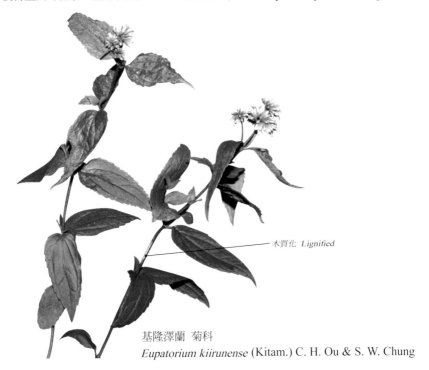

木質化 Lignified

基隆澤蘭 菊科
Eupatorium kiirunense (Kitam.) C. H. Ou & S. W. Chung

冇骨消 五福花科
Sambucus chinensis Lindl.

雞屎藤 茜草科
Paederia foetida L.

喬木

多年生高大的木本植物，具有明顯主幹。

Tree

A perennial woody plant with an elongated stem.

樟樹　樟科
Cinnamomum camphora (L.) J. Presl

茄冬　葉下珠科
Bischofia javanica Blume

楝（苦楝）　楝科
Melia azedarach L.

灌木

多年生的木本植物，多分枝無明顯主幹，一般較喬木矮小。

Shrub

A shrub is a perennial woody plant with multiple stems and branches, and usually shorter than a tree.

蘄艾 菊科
Crossostephium chinense (L.) Makino

呂宋莢蒾 五福花科
Viburnum luzonicum Rolfe

烏來杜鵑 杜鵑花科
Rhododendron kanehirae E. H. Wilson

藤本植物

莖細長且不能自我支撐的植
物。因其依附狀態，又分為蔓
性、攀緣與纏繞植物。

Vine

A plant that is thin and long, which cannot
grow erect on its own, but rather uses the
support of other plants or objects, by climbing
or twining onto them.

台北肺形草 龍膽科
Tripterospermum alutaceifolium (T. S.
Liu & Chiu C. Kuo) J. Murata

無根草 樟科
Cassytha filiformis L.

黑果馬㼎兒 葫蘆科
Zehneria mucronata (Bl.) Miq.

木質藤本

具木質莖的攀緣性或纏繞藤本。

Liana

A climbing or twining vine which contains woody stem.

耳葉菝葜 菝葜科
Smilax ocreata A. DC.

絡石 夾竹桃科
Trachelospermum jasminoides (Lindl.) Lemaire

血藤 豆科
Mucuna macrocarpa Wall.

攀緣植物

常藉由捲鬚、鉤刺、纏繞莖、攀緣根、吸盤或其他特化的攀附器官攀附他物生長的植物。

Climber / Climbing plant / Scandent plant

A plant that attaches to other objects and grows, often using tendrils, thorns, twining stems, climbing roots, adhesive discs or other specialized organs.

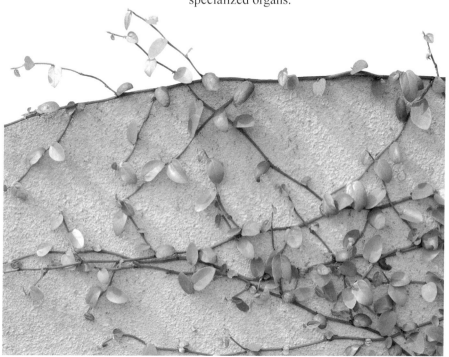

薜荔 桑科
Ficus pumila L.

印度鞭藤（蘆竹藤、角仔藤） 鞭藤科
Flagellaria indica L.

台灣黃藤 棕櫚科
Calamus formosanus Becc.

纏繞植物

纏繞植物的莖呈螺旋狀纏繞他物而攀附生長，纏繞植物為攀緣植物之一類。

Twiner / Twining plant

A climbing plant that spirals up around the tree or some objects as it grows.

玉山肺形草（披針葉肺形草） 龍膽科
Tripterospermum lanceolatum (Hayata) H. Hara *ex* Satake

平原菟絲子 旋花科
Cuscuta campestris Yunck.

西番蓮 西番蓮科
Passiflora edulis Sims.

蔓性植物

莖平臥匍匐生長的植物。

Trailing plant

A plant with a prostrate stem, which grows in a creeping manner.

濱旋花 旋花科
Calystegia soldanella (L.) R. Br.

厚葉牽牛 旋花科
Ipomoea imperati (Vahl) Griseb.

蔓蟲豆 豆科
Cajanus scarabaeoides (L.) du Petit-Thouars

原生植物

在一定地區自然生長，而非人為栽種或由外地引進的植物。

Native plant / Indigenous plant

Plants occurring naturally in a given area, not present due to planting or introduction from other areas.

烏心石　木蘭科
Michelia compressa (Maxim.) Sargent var. *formosana* Kaneh.

相思樹　豆科
Acacia confusa Merr.

九芎　千屈菜科
Lagerstroemia subcostata Koehne

特有植物

僅見於某一地區或國家自然分布之植物，稱為該地之特有植物。例如南湖大山柳葉菜或台灣欒樹等皆為台灣特有植物。

Endemic plant

A plant that is unique to a particular area. For example, Epilobium nankotaizanense and Koelreuyerua elegans are only found in Taiwan, so they are endemic to Taiwan.

台灣胡麻花 黑藥花科
Heloniopsis umbellata Baker

台灣三角楓 無患子科
Acer albopurpurascens Hayata var. *formosanum* (Hayata *ex* Koidz.) C. Y. Tzeng & S. F. Huang

玉山佛甲草 景天科
Sedum morrisonense Hayata

外來植物

當地非原生的植物。究其來源，可能是人為刻意引入（稱引進植物），也可能是其繁殖體無意間被人類攜入。就其生存現況而言，則可分為需經人類栽培種植的農園藝植物，或已在野外自行繁殖散播的歸化植物。

Alien plant / Exotic plant

Non-native plants may be introduced intentionally (introduced plant) or accidentally by human activities. They can be classified into horticutural plants, which need human cultivation, and naturalized plants which can reproduce and disperse themselves successfully in the wild.

引進植物

人類為了食用、觀賞、工業或其他用途而由外地引種栽培的植物。

Introduced plant

A non-native plant which is introduced into new areas to be used as a food resource, for ornamental value, or industrial purposes.

緬梔（雞蛋花） 夾竹桃科
Plumeria rubra L. 'Acutifolia'

孟宗竹 (毛竹) 禾本科
Phyllostachys pubescens Mazel *ex* H. de Leh.

紫藤 豆科
Wisteria sinensis (Sims) Sweet

歸化植物

可以適應當地環境、成功存活並自行繁衍後代的外來植物；依其對生態的影響，可區分為入侵植物與非入侵植物。

Naturalized plant

A non-native plant transported into other areas which can then adapt to the local environment, surviving and establishing a population in the wild. They can be divided into invasive plants and noninvasive plants.

油桐（千年桐） 大戟科
Aleurites montana (Lour.) Wils.

非入侵植物
Noninvasive plant

天人菊 菊科
Gaillardia pulchella Foug.

小葉冷水麻 蕁麻科
Pilea microphylla (L.) Liebm.

入侵植物

對本地原生物種或生態造成威脅的外來植物。

Invasive plant

An alien plant that somehow threatens the native species or ecosystem in the area.

瑪瑙珠 (黃果龍葵) 茄科
Solanum diphyllum L.

紫花藿香薊 菊科
Ageratum houstonianum Mill.

小花蔓澤蘭 菊科
Mikania micrantha Kunth

活化石

現生生物歷經長時間的演化，但在形態上的改變不多，且有同一類群的化石出土，這類生物我們稱之為活化石。

Living Fossil

A species whose morphology has not changed much over a relatively long period of evolutionary time and whose close relatives are all extinct, only found in the fossil record.

銀杏 銀杏科
Ginkgo biloba L.

台灣水韭 水韭科
Isoetes taiwanensis DeVol

昆欄樹（雲葉） 昆欄樹科
Trochodendron aralioides Siebold & Zucc.

水生植物

水生植物是指自然情況下，生長在水中或是潮濕土壤上的植物，又分為挺水植物、沉水植物、固著浮葉植物以及漂浮植物四大類。

Aquatic plant

A plant that naturally grows in the water or moist soil. They are divided into four categories, namely emergent anchored plants, submerged plants, floating-leaved anchored plants and floating plants.

台灣萍蓬草 睡蓮科
Nuphar shimadae Hayata

水禾 禾本科
Hygroryza aristata (Retz) Nees *ex* Wight & Arn.

布袋蓮（鳳眼蓮、浮水蓮花） 雨久花科
Eichhornia crassipes (Mart.) Solms

挺水植物

根部固著生長在水底土層中，
而莖、葉和花都挺舉伸出水面
的水生植物。

Emergent anchored plant

A plant with roots growing in the soil
underwater, but with stems, leaves and flowers
all growing above water.

鴨舌草 雨久花科
Monochoria vaginalis (Burm. f.) C. Presl

粉綠狐尾藻（水聚藻） 小二仙草科
Myriophyllum aquaticum (Vell.) Verdc.

水金英 黃花藺科
Hydrocleys nymphoides (Willd.) Buchenau

41

沉水植物

植株長期沉於水中生活的植物，大多數於開花期時花序或花會伸出水面。

Submerged plant

A plant with all parts growing underwater except for the inflorescence, which blooms above water.

水蘊草 水鱉科
Egeria densa Planch.

馬藻 眼子菜科
Potamogeton crispus L.

台灣簀藻 水鱉科
Blyxa echinosperma (C. B. Clarke) Hook. f.

固著浮葉植物

根部固著生長在水底土層中，葉柄細長，葉片自然浮貼於水面上的水生植物。

Floating-leaved anchored plant

A plant with roots growing in the underwater soil, leaves floating on the water and a submerged thin and long petiole.

藍睡蓮 睡蓮科
Nymphaea nouchali N. C. Burmann

小莕菜 睡菜科
Nymphoides coreana (H. Lév.) H. Hara

印度莕菜 睡菜科
Nymphoides indica (L.) Kuntze

漂浮植物

根部並不固著，全株漂浮或平貼在水面，葉下常有膨大的氣囊，可隨水流自由漂移的水生植物。

Floating plant

A plant with unanchored roots, and either floats as a whole or its leaves lie flat on the water surface. They usually have air chambers to allow the plant to float.

大萍　天南星科
Pistia stratiotes L.

菱　千屈菜科
Trapa bispinosa Roxb. var. *iinumai* Nakano

滿江紅　滿江紅科
Azolla pinnata R. Br.

海漂植物

果實、種子或其他繁殖體能耐受鹽水浸泡，漂浮於海中，隨洋流散布各地的植物。

Plant with drift disseminules

A plant that contains special fruits, seeds or other reproductive bodies which can tolerate high salt sea water and drifts to disperse to other areas.

種子切面 The section of a seed

有氣室，因此能漂浮。
The seed can float because it contains an air chamber.

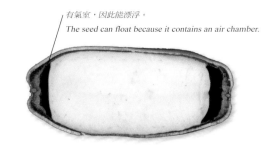

可可椰子 棕櫚科
Cocos nucifera L.

海漂種子 *Drift seed*

大血藤　豆科
Mucuna gigantea (Willd.) DC. subsp. *tashiroi* (Hayata) Ohashi & Tateishi

棋盤腳樹　玉蕊科
Barringtonia asiatica (L.) Kurz

海漂果實 *Drift fruit*

共生植物

植物和其他生物的共生關係可分為以下三類：互利共生（雙方有利）、片利共生（一方有利一方無害）、以及寄生（一方有利一方有害）。

Symbiotic plant

Symbiotic relationships between plants and other organisms can be divided into the following three categories: mutualism (both organisms benefit), commensalism (one benefits, one receives neither benefit nor harm) and parasitic (one benefits, one harmed).

管唇蘭　蘭科（與蘭菌共生）
Tuberolabium kotoense Yamam.

台灣魚藤　豆科（與根瘤菌共生）
Millettia pachycarpa Benth.

台灣奴草　奴草科（寄生於殼斗科植物根部）
Mitrastemon kawasasakii Hayata

附生植物

附著在岩石、枯木或他種植物活體上生長，但不依賴附著對象供給營養的植物。

Epiphyte / Epiphytic plant

A plant that grows on other plants, but does not rely on them for water or nutrition.

被附生的樹幹
A trunk with epiphytic plant growth

附生植物
Epiphytic plant

伏石蕨（抱樹蕨）　水龍骨科
Lemmaphyllum microphyllum C. Presl

柚葉藤　天南星科
Pothos chinensis (Raf.) Merr.

蠟著頦蘭　蘭科
Epigeneium nakaharaei (schltr.) Summerh.

寄生植物

著生在他種植物活體上生長，
以特化的根器吸收著生對象養
分，以供自己全部或部分營養
需求的植物。

Parasitic plant

A plant that obtains some or all nutrition from
another organism using specialized organs
called haustoria.

高氏桑寄生 桑寄生科
Loranthus kaoi (J. M. Chao) H. S. Kiu

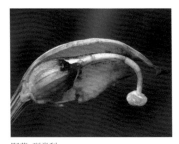

野菰 列當科
Aeginetia indica L.

筆頭蛇菰 蛇菰科
Balanophora harlandii J. D. Hooker

真菌異營植物

不具葉綠素，無法行光合作用，而與真菌共生，靠真菌分解腐植質所產生之養分存活的植物。以往這類植物常誤稱為「腐生植物」，但真正行腐生之實的為其共生之真菌。

Myco-heterophyte

A plant that cannot produce chlorophyll, and therefore, cannot photosynthesize. It maintains a symbiotic relationship with fungi in which it absorbs nutrients from the fungi, which the fungi obtains by decomposition of dead or decaying organic matter. This kind of plant was previously called a "saprophyte", however, the organism that decomposes organic matter for nutrition is not the plant but the symbiont fungi, so the term "myco-heterophyte" is more appropriate.

水晶蘭 杜鵑花科
Cheilotheca humilis (D. Don) H. Keng

錫杖花 杜鵑花科
Monotropa hypopithys L.

小蒙山珊瑚 蘭科
Galeola falconeri Hook. f.

沙丘植物

能在濱海沙丘高鹽度、高溫、
強風及乾燥的環境中生存的植
物。

Sand dune plant

A plant that can survive in coastal sand dunes
with high salinity, strong winds and dry
conditions.

濱防風　繖形科
Glehnia littoralis F. Schmidt *ex* Miq.

小海米　莎草科
Carex pumila Thunb.

馬鞍藤　旋花科
Ipomoea pes-caprae (L.) R. Br. subsp. *brasiliensis* (L.)
Oostst.

耐鹽植物

具有特殊生理機制或構造，能在高鹽度環境生存且適應良好的植物。

Saline-tolerant plant

A plant that has special physiological mechanisms or structures that make it well adapted to survive in a high salinity environment.

草海桐　草海桐科
Scaevola sericea Forst. f. *ex* Vahl

苦林盤　唇形科
Clerodendrum inerme (L.) Gaertn.

海埔姜　唇形科
Vitex rotundifolia L. f.

有毒植物

植物體全株或部分構造含有對其他生物具有毒性的物質，稱為有毒植物。

Poisonous plant

A plant in which whole or part of the plant contains substances that are toxic to other organisms.

全株有毒
Whole plant contains toxins

海檬果 夾竹桃科
Cerbera manghas L.

台灣馬醉木 杜鵑花科
Pieris taiwanensis Hayata

珊瑚珠 商陸科
Rivina humilis L.

先驅植物

在荒地或新裸露地能夠率先建立族群，固著地表土壤的植物。

Pioneer plant

One of the first plants to establish a population in a barren, un-colonized area, and helps retain the soil.

台灣華山松　松科（新生的幼苗）
Pinus armandii Franch. var. *masteriana* Hayata

台灣二葉松　松科
Pinus taiwanensis Hayata

白匏子　大戟科
Mallotus paniculatus (Lam.) Müll. Arg.

蜜源植物

植物的花能提供花蜜等分泌物，為蜜蜂、蝴蝶等昆蟲吸食。

Nectar plant

A plant with flowers that provide nectar and other substances to bees, butterflies and other insects in exchange for pollination.

馬利筋（尖尾鳳） 夾竹桃科
Asclepias curassavica L.

金露花 馬鞭草科
Duranta erecta L.

馬櫻丹 馬鞭草科
Lantana camara L.

粉源植物

植物的花能提供大量花粉，被蜜蜂、蝴蝶等昆蟲採集的植物。

Pollen plant

A plant that provides a large amount of pollen to bees, butterflies and other insects.

油菜 十字花科
Brassica napus L.

洋落葵 落葵科
Anredera cordifolia (Tenore) Steenis

台灣欒樹（苦苓舅） 無患子科
Koelreuteria henryi Dummer

一年生　　　Annual

一年期間內發芽、生長、開花
然後死亡的植物。此類植物皆
為草本，因此又常稱為一年生
草本（植物）。

A plant that germinates, grows, flowers and
dies in one year. Annuals are all herbaceous, so
they may also be referred to as annual herbs.

齒葉矮冷水麻　蕁麻科
Pilea peploides (Gaudich.) Hook. & Arn. var. *major* Wedd.

台灣筷子芥　十字花科
Arabis formosana (Masam. *ex* S. F. Huang) T. S.
Liu & S. S. Ying

台灣山薺　十字花科
Draba sekiyana Ohwi

多年生

壽命超過兩年的植物。由於木
本植物皆為多年生，本詞通常
僅指多年生的草本植物，又稱
多年生草本（植物）。

Perennial

A plant with a life span over two years. Since
all woody plants are perennial, this term is
usually only applied to herbaceous species.
Therefore, they may also be referred to as
perennial herbs.

毛藥捲瓣蘭（溪頭捲瓣蘭） 蘭科
Bulbophyllum omerandrum Hayata

阿里山落新婦（大花落新婦） 虎耳草科
Astilbe macroflora Hayata

鐵線蕨葉人字果 毛茛科
Dichocarpum adiantifolium (Hook. f. & Thomson)
W. T. Wang & P. K. Hsiao

纏勒現象

此一現象常見於桑科榕屬
（Ficus L.）植物，其果實被
鳥類取食後，種子隨糞便掉落
於其他木本植物之植物體上，
發芽後其根系逐漸包圍該植
物，枝幹亦影響該植物之生
長，經過數年後被包圍的對象
死去而由其取代，呈中空的景
觀。

Strangler

A "strangling" phenomenon is common in
Ficus spp. of the Moraceae family. After birds
consume the fig fruits, they release the seeds in
their droppings onto other woody plants. After
the fig seeds germinate, the roots and branches
grow and wrap around the woody plants. After
several years, the "strangled" host plant dies
and the fig plant keeps the shape of the host
plant, but a hollowed central core is left where
the host plant once was.

雀榕（山榕） 桑科（雀榕纏榕樹）
Ficus subpisocarpa Gagnep.

白榕（垂榕） 桑科
Ficus benjamina L.

榕樹（正榕）桑科（榕樹纏茄冬）
Ficus microcarpa L. f.

芽

尚未充分發育和伸長的枝條或
花,實際上是枝條或花的雛
型。

Bud

An undeveloped or embryonic shoot or flower.

芽 Bud

大頭茶 茶科
Gordonia axillaris (Roxb.) Dietr.

米碎柃木 五列木科
Eurya chinensis R. Br.

不定芽

非由莖頂或葉腋所長出的芽。

Adventitious bud

A bud that develops from other parts of a plant besides the shoot apex or axil.

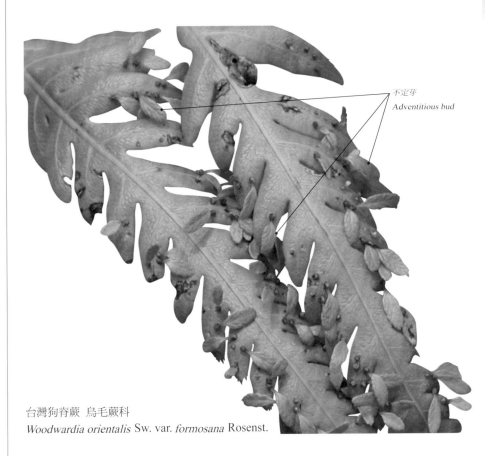

不定芽
Adventitious bud

台灣狗脊蕨　烏毛蕨科
Woodwardia orientalis Sw. var. *formosana* Rosenst.

水蕨　水蕨科
Ceratopteris thalictroides (L.) Brongn.

稀子蕨　碗蕨科
Monachosorum henryi Christ

鱗芽

具有鱗片覆蓋、保護的芽。

Scaly bud

A bud that has scales for protection.

鱗芽
Scaly bud

豬腳楠（紅楠） 樟科
Machilus thunbergii Siebold & Zucc.

鱗芽裏白 裏白科
Diplopterygium laevissimum (H. Christ) Nakai

昆欄樹（雲葉） 昆欄樹科
Trochodendron aralioides Siebold & Zucc.

珠芽

由植物地上部分所產生的小球根稱為珠芽。

Aerial bulbil

A bud produced on an aerial branch, which will fall off and grow into a new plant.

珠芽
Aerial bulbil

俄氏草（台閩苣苔） 苦苣苔科
Titanotrichum oldhamii (Hemsl.) Soler.

洋落葵 落葵科
Anredera cordifolia (Tenore) Steenis

戟葉田薯（恆春薯蕷） 薯蕷科
Dioscorea doryphora Hance

吸芽 / 根蘖

由地下的莖基部或根部
長出的枝條。

Sucker

A shoot that grows from the underground base
of a stem or root, often at some distance from
the plant.

香蕉 芭蕉科
Musa x paradisiaca L.

鳳梨 鳳梨科
Ananas comosus (L.) Merr.

台灣芭蕉（山芎蕉） 芭蕉科
Musa basjoo Siebold var. *formosana* (Warb.) S. S. Ying

腺 / 腺體

植物表面分泌黏性或油性物質的附屬物、突起、毛狀物等構造，例如腺點、腺毛、蜜腺等。

Gland

An appendage, protuberance or hair-like structure, such as glandular dots, glandular hairs or nectar glands, which secrete a sticky or oily substance.

腺點

點狀的分泌構造，多用來形容凹陷或有顏色的腺體。

Glandular dots / Gland-dots / Dot glands / Glandular punctae

A gland that is small, with the appearance of a dot. It usually has an obvious color or indentation.

短柄金絲桃（無柄金絲桃） 金絲桃科
Hypericum taihezanense Sasaki

腺點
Glandular dots / Gland-dots /
Dot glands / Glandular punctae

白千層　桃金孃科
Melaleuca leucadendron L.

腺毛　*Glandular hairs*

尼泊爾蓼（野蕎麥） 蓼科
Persicaria nepalensis (Meisn.) H. Gross

腺毛　Glandular hairs

具分泌功能的毛。　A hair bearing gland.

蜜腺

產生蜜的腺體。

Nectary / Nectar gland

An organ or gland which produces nectar.

蜜腺 Nectary / Nectar gland

新店當藥　龍膽科
Swertia shintenensis Hayata

有骨消 忍冬科
Sambucus chinensis Lindl.

蜜

植物分泌之甜而黏
的液體，可吸引傳
粉者。

Nectar

A sugary, sticky liquid
produced by a plant to attract
pollinaters.

花外蜜腺

位於花器之外，如葉柄或葉片上
的泌蜜腺體。

Extrafloral nectary

A gland which is outside of the flower, such as on the
petiole or on the leaf.

花外蜜腺 *Extrafloral nectary*

野桐 大戟科
Mallotus japonicus (Thunb.) Muell. Arg.

癭

由外來生物（如：昆蟲、蜱蟎類等節肢動物、線蟲及微生物等）的刺激，引起植物枝葉等處之細胞發生異常的增生。

Gall

An abnormal cell growth that is induced by foreign organisms, for example, insects, ticks, arothopods, nematicides and microorganisms.

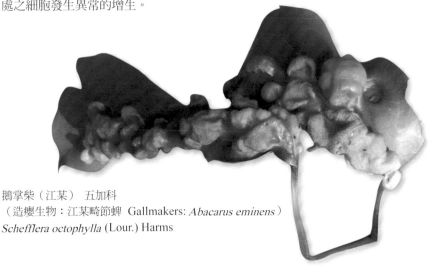

鵝掌柴（江某）　五加科
（造癭生物：江某畸節蜱　Gallmakers: *Abacarus eminens*）
Schefflera octophylla (Lour.) Harms

蟲癭

因昆蟲刺激所形成的癭。

Insect gall

A gall caused by insects.

蟲癭 *Insect gall*

風藤　胡椒科
Piper kadsura (Choisy) Ohwi

台灣雲杉　松科
Picea morrisonicola Hayata

學名

依照「國際藻類、菌類及植物命名法規」有效及正當出版的拉丁化植物名稱，包含屬名及種小名（種加詞）。

Scientific name

The name of a plant as determined and published by 'The International Code of Nomenclature for algae, fungi, and plants (ICN)'. The first name reveals the genus of the organism, and is capitalized, and the second is the species name, which is not capitalized. Both of them are romanized and printed in italics.

俗名

植物在人們日常生活中被稱呼的名字，不同地區或不同語言族群對相同的植物可能有不同的稱呼，或對不同的植物有相同的稱呼。例如這三種植物各有其學名, 但其中文俗名均為過山龍。

Common name

The name of a plant commonly used in conversation by the general public. The same plant may have different names in different areas or the same name may indicate different plants.

過山龍 菊科
學名：*Vernonia gratiosa* Hance

紅藤仔草（過山龍） 茜草科
學名：*Rubia akane* Nakai

過山龍 石松科
學名：*Lycopodium cernuum* L.

根

根是植物的營養器官之一，通常會向下生長，其基本的功能為吸收、運輸、支持及儲藏養分等。

皮層

根部的表皮與中柱之間的組織。

髓

位於某些植物根部中央，呈海綿狀的薄壁組織。

Root

A kind of vegetative organ that usually grows downward and whose basic function is to absorb, transport and store nutrients as well as to support the plant body.

Cortex

The tissue between the epidermis and the stele in the root.

Pith

A tissue present in the center of roots of some monocotyledons that is made of spongy parenchyma cells.

單子葉植物的根部構造 The root structure of a monocotyledon

立體解剖圖 Three dimensional anatomical diagram

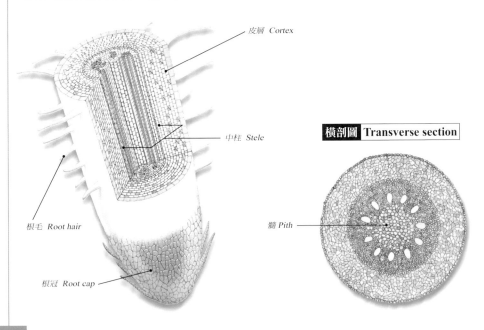

皮層 Cortex

中柱 Stele

橫剖圖 Transverse section

根毛 Root hair

髓 Pith

根冠 Root cap

根冠

位於根尖生長點外層，由薄壁細胞構成的圓錐帽狀體結構，可保護生長點不受磨損，並可分泌黏液保護根尖。

Root cap

A parenchyma tissue layer that covers the root apical meristem and secretes mucilage to protect it as the root grows.

根毛

根表的毛絨狀突起構造，由表皮細胞衍生形成，可提高水分的吸收效率。

Root hair

Unicellular outgrowths arising from the epidermal layer of roots which function to enhance the efficiency of water absorption.

中柱

根初生的維管束結構，位於某些植物根部中央，呈海綿狀的薄壁組織。

Stele

A primary vascular tissue located in the center of roots in some plants that is made of spongy parenchyma cells.

雙子葉植物的根部構造 The root structure of a dicotyledon

立體解剖圖 Three dimensional anatomical diagram

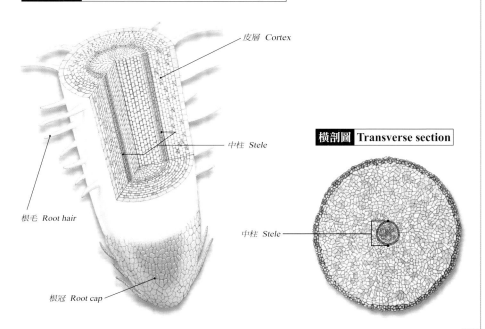

皮層 Cortex

中柱 Stele

橫剖圖 Transverse section

中柱 Stele

根毛 Root hair

根冠 Root cap

根的外部構造 Root structure appearance

鬚根

種子發芽後，由於主根萎縮或不發達，而由莖的基部長出許多無主從之分的鬚狀細根。

Fibrous root

After seed germination, the taproot may atrophy or be underdeveloped, resulting in the growth of many fibrous roots from the base of the stem.

主根 / 軸根

種子發芽後，由胚根發育而來的圓柱狀主軸根。

Main root / Tap root

After seed germination, the taproot will develop directly from the radicle and become the main root of the plant.

支根 / 側根

由主根分生出來的分枝。

Lateral root

A secondary, smaller root that develops from the taproot.

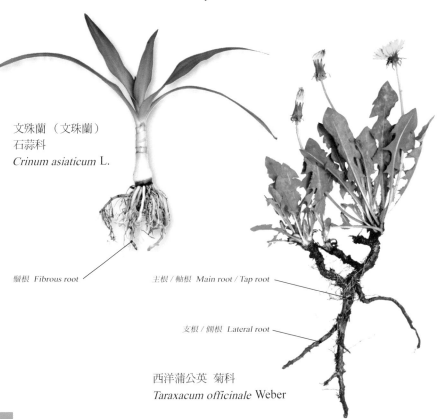

文殊蘭 （文珠蘭）
石蒜科
Crinum asiaticum L.

鬚根 *Fibrous root*

主根 / 軸根 *Main root / Tap root*

支根 / 側根 *Lateral root*

西洋蒲公英 菊科
Taraxacum officinale Weber

氣囊根

漂浮植物的根發展出氣囊根，
幫助植株漂浮在水面。

Air bladder root

A kind of root that develops an air chamber,
which helps floating plants to float on water.

氣囊根
Air bladder root

白花水龍　柳葉菜科
Ludwigia adscendens (L.) H. Hara

台灣水龍　柳葉菜科
Ludwigia × taiwanensis C. I Peng

儲存根

植物將養分儲存在根部，以度過乾季或冬天。儲存根的外型都特別肥碩，像塊根、肉質軸根（Root succulent）等。

Storage root

A root that stores nutrients in preparation for the dry season or winter. They are usually large, e.g. as a tuber or root succulent.

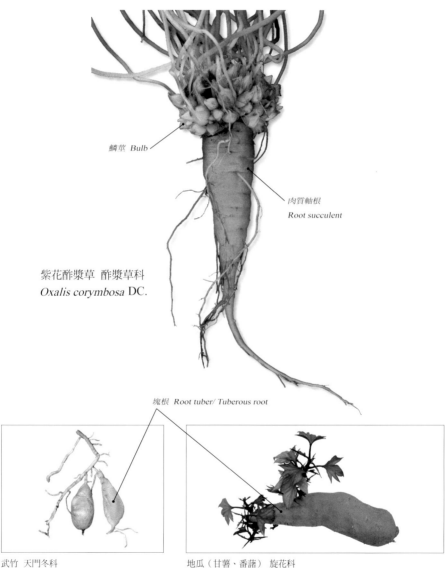

鱗莖 *Bulb*

肉質軸根
Root succulent

紫花酢漿草 酢漿草科
Oxalis corymbosa DC.

塊根 *Root tuber/ Tuberous root*

武竹 天門冬科
Asparagus aethiopicus L.

地瓜（甘薯、番藷） 旋花科
Ipomoea batatas (L.) Lam.

不定根

自植物的葉或莖上長出來，而
不是由胚根發育成的根，稱做
不定根。

Adventitious root

Lateral root that grows from the leaves or stems
instead of the radicle.

不定根
Adventitious root

竹仔菜 鴨跖草科
Commelina diffusa Burm. f.

天胡荽 五加科
Hydrocotyle sibthorpioides Lam.

雷公根 繖形科
Centella asiatica (L.) Urb.

菌根

植物根部與真菌共生的結合
體，可分為外生菌根和內生菌
根兩大類。菌根可以協助植物
吸收水分和養分。

Mycorrhiza

A plant root and fungus symbiotic relationship,
which can be divided into two categories,
namely ectomycorrhizae and endomycorrhizae.
Mycorrhizae can help plants absorb water and
nutrients.

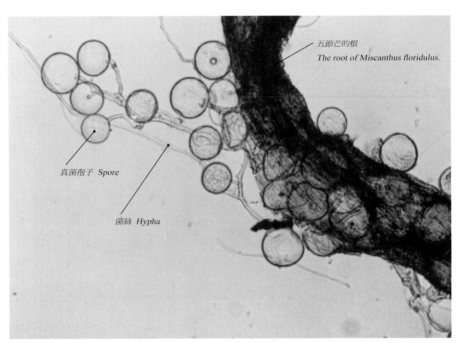

五節芒的根
The root of Miscanthus floridulus.

真菌孢子 Spore

菌絲 Hypha

五節芒　禾本科
Miscanthus floridulus (Labill.) Warb. Gramineae

青剛櫟　殼斗科
Quercus glauca Thunb. ex Murray

攀緣根

攀緣根會分泌膠狀物質，使藤本植物得以牢附在樹幹或牆壁上。

Climbing root

Roots that secrete gelatinous substances to securely attach to the liana on a tree trunk or wall.

攀緣根
Climbing root

合果芋 天南星科
Syngonium podophyllum Schott

黃金葛 天南星科
Epipremnum pinnatum (L.) Engl. cv. Aureum

薜荔 桑科
Ficus pumila L.

寄生根

寄生植物伸入寄主植物組織中，吸收養分用的特化根狀器官。

Parasitic root

A specialized root-like organ that penetrates into host plant tissue to absorb its nutrients.

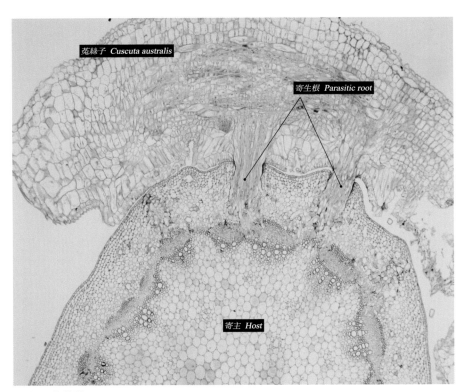

菟絲子　旋花科
Cuscuta australis R. Br.

菱形奴草　奴草科
Mitrastemon kanehirae Yamam.

恆春桑寄生　桑寄生科
Taxillus pseudochinensis (Yamam.) Danser

板根

植物的根向上漸次生長隆起，
露出地面形成薄板狀，稱之為
板根，有加強支撐的功能。

Buttress root

Plant root with gradual growth upward above
ground and along the entire root to form a flat
sheet-like structure, which provides further
structural support.

板根 *Buttress root*

銀葉樹　錦葵科
Heritiera littoralis Dryand.

麵包樹　桑科
Artocarpus altilis (Park.) Forst.

吉貝棉　錦葵科
Ceiba pentandra (L.) Gaertn.

氣生根

暴露於空氣中，而非埋在土壤
或水等介質中生長的根。

Aerial root

Roots exposed to the air instead of growing in
soil or water.

氣生根
Aerial root

榕樹（正榕） 桑科
Ficus microcarpa L. f.

大葉雀榕 桑科
Ficus caulocarpa (Miq.) Miq.

玉山箭竹 禾本科
Yushania niitakayamensis (Hayata) Keng f.

同化根

某些蘭科植物生長在空氣中的
綠色氣生根具有葉綠素，可以
行光合作用，稱為同化根。

Assimilation root

A kind of aerial root in some orchids that has
chlorophyll and can perform photosynthesis.

同化根
Assimilation root

黃蛾蘭 （新竹風蘭） 蘭科
Thrixspermum laurisilvaticum (Fukuy.) Garay

小白蛾蘭 蘭科
Thrixspermum saruwatarii (Hayata)
Schltr.

蜘蛛蘭 蘭科
Taeniophyllum glandulosum Blume

支持根

由莖幹基部所長出的不定根，可向下伸入土壤中加強支持功能的根，通常較為粗壯。

Prop root

A kind of adventitious root that grows from the stem base, downward into the soil, providing further structural support and commonly growing very thick and strong.

支持根 Prop root

榕樹（正榕） 桑科
Ficus microcarpa L. f.

水筆仔 紅樹科
Kandelia obovata Sheue, H. Y. Liu & J. W. H. Yong

印度橡膠樹 桑科
Ficus elastica Roxb.

呼吸根

由根上分生出來的支根，暴露
於空氣中，具有吸收氧氣、協
助氣體交換的功能。

Respiratory root

A rootlet exposed to air that assists gas
exchange.

呼吸根
Respiratory root

落羽松（落羽杉） 柏科
Taxodium distichum (L.) Rich.

水筆仔 紅樹科
Kandelia obovata Sheue, H. Y. Liu & J. W.
H. Yong

海茄苳 爵床科
Avicennia marina (Forssk.) Vierh.

莖

由胚軸向上發育而成的器官，通常在地面之上；生於地面下者稱為地下莖。莖具有節及節間，其上著生葉、花或芽。

主莖 / 樹幹

植物的營養器官之一，通常是植物體向上生長的主軸，主要有支持及運輸的功能。

枝

自主莖上側生之小莖。

Stem

The main axis of a vascular plant, usually above ground, has nodes and internodes and will give rise to leaves, flowers or buds. If it grows underground, it is called a rhizome.

Main stem / Trunk

A kind of vegetative organ and structural axis for the part of the plant that grows upward, which mainly functions as a support structure and transport system.

Branch

A lateral stem that grows from the main stem.

枝 Branch

主莖 / 樹幹
Main stem / Trunk

楓香 楓香科
Liquidambar formosana Hance

節

莖上著生枝條或葉的位置。

Node

A part of a stem where a leaf attaches.

節間

植物莖上相鄰兩個節之間的區域。

Internode

A region between two nodes on a plant stem.

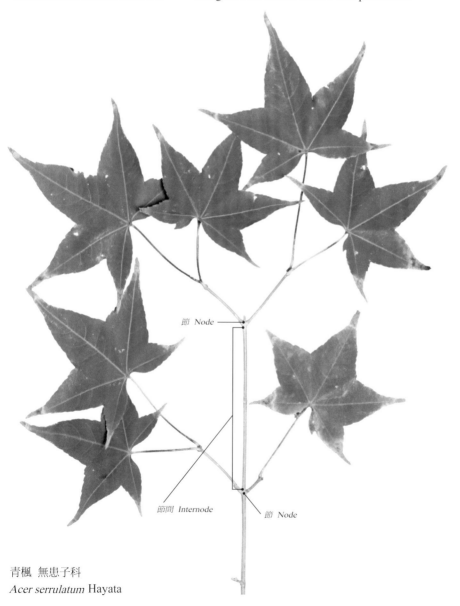

節 Node

節間 Internode　　　節 Node

青楓　無患子科
Acer serrulatum Hayata

表皮

位於植物最外層的表面，僅有一層活細胞，死亡的細胞會脫落或是累積於表面，具有保護植物內部構造的功能。

Epidermis

The outermost surface of a plant, which only consists of one layer of living cells and serves to protect the internal structure of the plant. Dead cells will accumulate on the surface or fall off the plant.

皮層

在表皮內側，由分生組織分化出來的薄壁組織，具有輸送物質和儲存養分的功能。

Cortex

Tissue lying beneath the epidermis that is composed of parenchyma cells.It functions to transport materials and store nutrients.

維管束

植物體內負責運送養分和水分的輸導系統，因為排列成束，故稱為維管束。

Vascular bundle

A strand of specialized tissue within plants that allows water and nutrient conduction.

韌皮部

維管束植物輸送養分的組織。

Phloem

A vascular plant tissue that functions in nutrient transport.

形成層

維管束植物組織中，位於韌皮部與木質部中間的帶狀分生組織，可向外形成韌皮部，向內形成木質部，是一種側生分生組織。

Cambium

A cylindrical layer of meristematic tissue in the stems and roots that produces water conducting xylem tissue toward the pith and the nutrient conducting phloem toward the epidermis.

木質部

維管束植物輸送水分的組織。

Xylem

A vascular plant tissue that functions mainly in water transport.

髓

某些植物莖或根部中央的薄壁組織，常呈海綿狀，年輕時具有儲藏養分的功能，老化後可能失去此功能。

Pith

A spongy parenchyma tissue usually at the center of the stem or root. In early stages, nutrient storage is its function, but in later stages it might lose this function.

單子葉植物莖的剖面圖 Anatomical diagram of a monocot stem

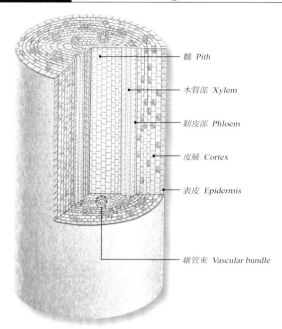

髓 Pith

木質部 Xylem

韌皮部 Phloem

皮層 Cortex

表皮 Epidermis

維管束 Vascular bundle

雙子葉植物莖的剖面圖 Anatomical diagram of a dicot stem

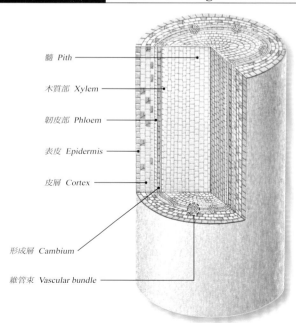

髓 Pith

木質部 Xylem

韌皮部 Phloem

表皮 Epidermis

皮層 Cortex

形成層 Cambium

維管束 Vascular bundle

單子葉植物的維管束　Vascular bundle in a monocot plant

單子葉植物缺乏形成層，維管束散生。

The monocot plant lacks a cambium, and the arrangment of vascular bundle is scattered.

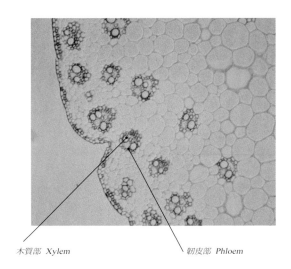

木質部 *Xylem*　　　　韌皮部 *Phloem*

雙子葉植物的維管束　Vascular bundle in a dicot plant

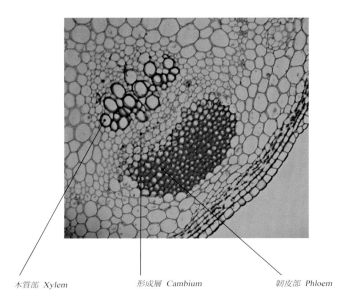

木質部 *Xylem*　　　形成層 *Cambium*　　　韌皮部 *Phloem*

樹皮　Bark

木本植物莖幹最外層的表皮構造，包括形成層外側的所有組織。

Bark

The outer layers of a woody plant stem, which includes all tissues outside the cambium.

蘭嶼蘋婆　錦葵科
Sterculia ceramica R. Br.

白千層　桃金孃科
Melaleuca leucadendron L.

毛海棗　棕櫚科
Phoenix tomentosa Hort. *ex* Gentil

小桑樹（小葉桑）　桑科
Morus australis Poir.

台東蘇鐵　蘇鐵科
Cycas taitungensis C. F. Shen , K. D. Hill , C. H. Tsou & C. J. Chen

葉痕

植物葉片脫落後在枝條或莖幹上殘存的痕跡。

Leaf scar

A trace or scar remaining on the branch or twig after a leaf falls.

筆筒樹 桫欏科
Cyathea lepifera (J. Sm. *ex* Hook.) Copel.

大王椰子 棕櫚科
Roystonea regia O. F. Cook

山檳榔 棕櫚科
Pinanga tashiroi Hayata

皮孔 / 皮目

植物莖上可供氣體交換的開
孔。

Lenticel

A pore on the stem that opens to allow gas
exchange.

黑板樹 夾竹桃科
Alstonia scholaria (L.) R. Br.

山櫻花 薔薇科
Prunus campanulata Maxim.

豬腳楠（紅楠） 樟科
Machilus thunbergii Siebold & Zucc.

皮刺

莖部表皮或樹皮上尖刺狀的小型突起物。

Prickle

A sharp, spiky protrusion growing out from the epidermis.

美人樹　錦葵科
Ceiba speciosa (A. St.-Hil.) Ravenna

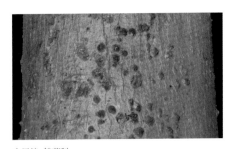

吉貝棉　錦葵科
Ceiba pentandra (L.) Gaertn.

高山薔薇　薔薇科
Rosa transmorrisonensis Hayata

棘刺

特化成尖硬的木質針刺狀的莖
枝，亦泛指長在莖上的刺狀構
造。

Thorn

A specialized, pointy, woody structure derived
from a reduced branch. Also referred to more
broadly as any spiny structure on a stem.

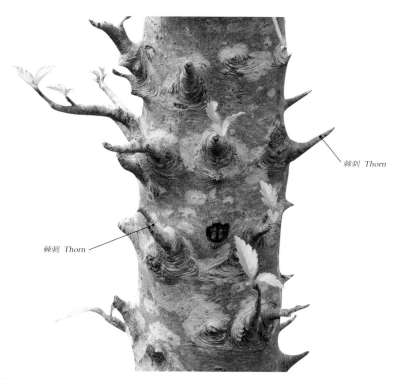

棘刺 Thorn

棘刺 Thorn

台灣蘋果　薔薇科
Malus doumeri (Bois.) Chev.

翼柄花椒　芸香科
Zanthoxylum schinifolium Siebold & Zucc.

麒麟花　大戟科
Euphorbia milii Des Moul.

木質

莖的內部具大量發達的次生木質部，質地堅硬。

Woody

Rigid (plant) because of a lot of secondary xylem in the stem.

台灣杉　柏科
Taiwania cryptomerioides Hayata

台灣欒樹（苦苓舅）　無患子科
Koelreuteria henryi Dummer

木質　Woody

台灣油杉　松科
Keteleeria davidiana (Franchet) Beissner var. *formosana* Hayata

纏繞莖

呈螺旋狀纏繞他物而攀附生長的莖，可分成左旋和右旋兩類。

Twining stem

A stem that spirals up around a host plant or other object as it grows. The stem will wind clockwise or counterclockwise, depending on the species.

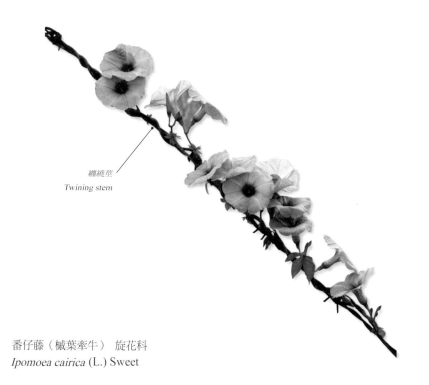

纏繞莖
Twining stem

番仔藤（槭葉牽牛）　旋花科
Ipomoea cairica (L.) Sweet

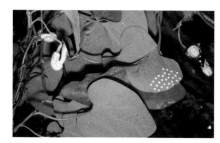

台灣馬兜鈴　馬兜鈴科
Aristolochia shimadae Hayata

平原菟絲子　旋花科
Cuscuta campestris Yunck.

草質

莖無明顯木質化，質地柔軟，
不具次生木質部，沒有年輪。

Herbaceous

Soft (plant) for lack of secondary xylem and
annual rings or significant lignification.

草質
Herbaceous

圓葉鴨跖草（竹葉菜） 鴨跖草科
Commelina benghalensis L.

水毛花 莎草科
Schoenoplectus mucronatus (L.) Palla subsp. *robustus*
(Miq.) T. Koyama

鱧腸 菊科
Eclipta prostrata (L.) L.

肉質莖

多肉且含大量水分的莖。

Fleshy stem / Succulent stem

Stems that are fleshy and contain a large amount of water.

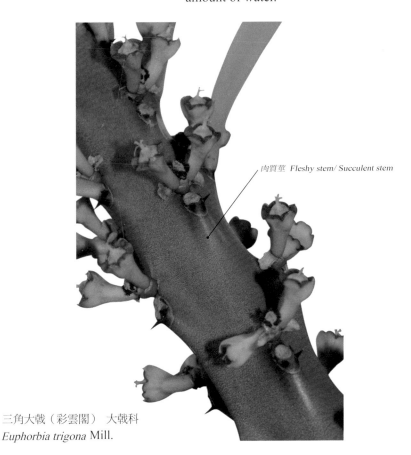

肉質莖 *Fleshy stem/ Succulent stem*

三角大戟（彩雲閣） 大戟科
Euphorbia trigona Mill.

仙人球 仙人掌科
Echinopsis multiplex (Pfeiff.) Zucc. *ex* Pfeiff. & Otto

六角柱 仙人掌科
Cereus peruvianus (L.) Mill.

捲鬚

由莖、葉或花序轉變成的細長
絲狀之捲曲構造，有助於植物
攀緣生長。

Tendril

A slender, spiraling filamentous structure
derived from a stem, leaf or inflorescence.

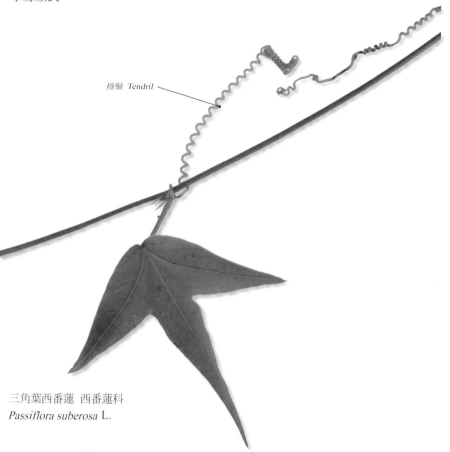

捲鬚 Tendril

三角葉西番蓮　西番蓮科
Passiflora suberosa L.

倒地鈴　無患子科
Cardiospermum halicacabum L.

毛西番蓮　西番蓮科
Passiflora foetida L.

塊莖

短縮而膨大的地下莖，可發育
為貯藏養分及繁殖的器官，其
上有芽眼。

Tuber

Shortened and swollen underground stem that
stores nutrients, can develop into a reproductive
organ and has buds ("eyes").

馬鈴薯　茄科
Solanum tuberosum L.

高山露珠草　柳葉菜科
Circaea alpina L. subsp. *imaicola* (Asch. & Mag.)
Kitam.

金線草　蓼科
Persicaria filiformis (Thunb.) Nakai *ex* W. T. Lee

球莖

短縮而膨大的肉質地下莖，通常為球形，具明顯的節和乾膜質鱗片，芽藏在鱗片內側，莖底部會長出鬚根。

Corm

Shortened, swollen and fleshy underground stem that is usually spherical and has pronounced nodes. It has dry membranous scales with buds hidden underneath and fibrous roots growing from the stem base.

荸薺 莎草科
Eleocharis dulcis (Burm. f.) Trin. *ex* Hensch.

芋頭 天南星科
Colocasia esculenta (L.) Schott

土半夏 天南星科
Typhonium blumei Nicolson & Sivadasan

鱗莖

短縮而膨大的球形地下莖，其上生有許多肥厚鱗片，可一層一層剝開。

Bulb

Shortened, swollen and spherical underground stem with specialized leaves modified into thickened scales that can be peeled away layer by layer.

綿棗兒 天門冬科
Barnardia japonica (Thunb.) Schult. & J. H. Schult.

台灣百合 百合科
Lilium longiflorum Thunb. var. *formosanum* Baker

紫花酢漿草 酢漿草科
Oxalis corymbosa DC.

假球莖

某些蘭科植物之莖的節間膨大
而成，並非真正的球莖，可儲
存水分和養分。

Pseudobulb

An organ that is not a true bulb, but stores
water and nutrients and is derived from an
internode of the stem, commonly applied to
orchids.

一葉羊耳蒜（摺疊羊耳蘭） 蘭科
Liparis bootanensis Griff.

綠花寶石蘭 蘭科
Sunipia andersonii (King & Pantl.) P. F.
Hunt

紫紋捲瓣蘭 蘭科
Bulbophyllum melanoglossum Hayata

地下莖 / 根莖 / 根狀莖

橫走於地下，外觀與根相似的莖，具有明顯的節，可於節上產生芽和不定根。

Rhizome

Underground stem with the appearance of a root but with distinct nodes, from which buds and adventitious roots can grow.

芽 Bud

不定根
Adventitious root

薑 薑科
Zingiber officinale Rosc.

狹萼豆蘭 蘭科
Bulbophyllum drymoglossum Maxim. *ex* Okubo

裂葉秋海棠（巒大秋海棠） 秋海棠科
Begonia palmata D. Don

葉狀枝 / 葉狀莖

莖部扁平如葉片狀，含葉綠體可行光合作用，其葉退化或呈鱗狀、刺狀，而由葉狀莖取代葉的功能。

Cladophyll / Cladode / Phylloclade

A flat leaf-like stem containing chloroplasts and can perform photosynthesis. The plant has reduced scaly leaves or spines, so the cladophyll is used for this function instead.

曇花 仙人掌科
Epiphyllum oxypetalum Haw.

火龍果 仙人掌科
Hylocereus undatus (Haw.) Britton & Rose

天門冬 天門冬科
Asparagus cochinchinensis (Lour.) Merr.

稈

特稱禾本科、莎草科或燈心草
科等中空或具髓的莖。

Culm

A hollow or pithy stem, only found in Poaceae,
Cyperaceae and Juncaceae.

烏腳綠竹　禾本科
Bambusa edulis
(Odashima) Keng

短葉水蜈蚣　莎草科
Kyllinga brevifolia Rottb.

鴛鴦湖燈心草　燈心草科
Juncus tobdenii Noltie

年輪 / 樹輪

在具有顯著季節性氣候的地區，木本植物的次生木質部的生長速率會因季節而不同，春夏生長較快，細胞較大而顏色較淡，秋冬反之；因此在橫切面上會形成同心圓狀輪痕，稱為年輪或樹輪。

Annual ring

In regions with significant seasonal changes, the growth rate of the secondary xylem in woody plants will vary during different seasons. In spring and summer, the cells will grow larger and lighter in color while the opposite occurs in fall and winter. Therefore, a transverse section of the stem will show a concentric ring pattern.

欅 榆科
Zelkova serrata (Thunb.) Makino

直立莖

莖生長方向與水平面垂直，稱
為直立莖。

Erect stem

The direction of stem growth is perpendicular
to the plane of the ground, i.e. it grows upright.

台灣冷杉 松科
Abies kawakamii (Hayata) Tak. Itô

一枝黃花 菊科
Solidago virga-aurea L. var. *leiocarpa*
(Benth.) A. Gray

台灣雲杉 松科
Picea morrisonicola Hayata

斜升莖

由最初偏斜生長的狀態，漸漸
變成向上生長，所以莖的下
半部會成弧曲狀，上半部呈直
立。

Ascending stem

Stem in which initial growth is nearly
horizontal, but slightly upward, and gradually
tends towards steeper upward growth so that
the lower part becomes arcuate-shaped and the
upper part is upright.

莖生長方向。
The growth direction of the stem.

金腰箭舅 菊科
Calyptocarpus vialis Less.

台灣狗娃花 菊科
Aster oldhamii Hemsl.

玉山抱莖籟簫（白花香青） 菊科
Anaphalis morrisonicola Hayata

斜倚莖

莖的基部斜倚在地面上，並與之平行，而枝條末端則逐漸向上直立。

Decumbent stem

Lying near the ground, but with tips growing upward to become upright.

蓮子草　莧科
Alternanthera sessilis (L.) R. Br.

海馬齒　番杏科
Sesuvium portulacastrum (L.) L.

細葉蘭花參　桔梗科
Wahlenbergia marginata (Thunb.) A. DC.

平臥莖

植株本身的莖平鋪於地面生
長，但不會產生不定根。

Prostrate stem

Lying flat on the ground, but does not produce
adventitious roots.

恆春金午時花　錦葵科
Sida rhombifolia L. subsp. *insularis* (Hatus.) Hatus.

千根草（小飛揚草）　大戟科
Euphorbia thymifolia L.

伏生大戟　大戟科
Euphorbia prostrata Aiton

匍匐莖

植株本身的莖平鋪於地面生長，且會在節上產生不定根。

Creeping stem

Lying flat on the ground, but produces adventitious roots on the nodes.

匍匐莖 Creeping stem

天胡荽 五加科
Hydrocotyle sibthorpioides Lam.

凹果水馬齒 車前科
Callitriche peploides Nutt.

雷公根 繖形科
Centella asiatica (L.) Urb.

走莖

植株本身非匍匐莖，但長出平
鋪於地面或岩壁，且在節上產
生不定根的莖。

Stolon

A creeping stem that grows along the ground
and gives rise to adventitious roots. Plants with
stolons have upright stems as well.

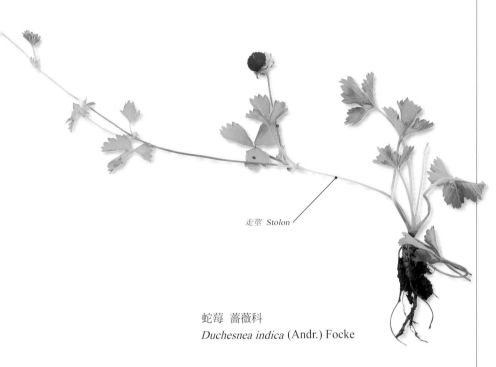

走莖 *Stolon*

蛇莓 薔薇科
Duchesnea indica (Andr.) Focke

茶匙黃 堇菜科
Viola diffusa Ging.

岩生秋海棠 秋海棠科
Begonia ravenii C. I Peng & Y. K. Chen

攀緣莖

常倚賴捲鬚、小根、吸盤或其他特化的捲附器官攀緣他物生長的莖。

Climbing stem

A stem that uses tendrils, rootlets, adhesive discs or other specialized organs to climb other objects.

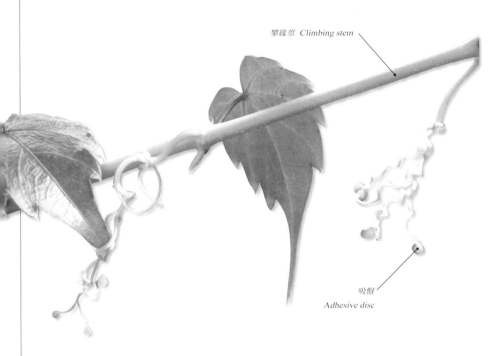

攀緣莖 Climbing stem

吸盤
Adhesive disc

地錦（爬牆虎）葡萄科
Parthenocissus dalzielii Gagnep.

薜荔 桑科
Ficus pumila L.

忍冬（金銀花）忍冬科
Lonicera japonica Thunb.

葉

植物主要的營養器官之一，可行光合作用，提供植物所需的養分。

葉脈

葉子中的維管束系統，具輸導及支持作用。

主脈

位於葉片中央，連接葉柄的主軸脈，通常較其他葉脈粗大且明顯。

側脈

從主脈上分枝出的葉脈，較主脈細小。

細脈

細小的葉脈。

葉身

葉子平展延伸的部分，為行光合作用的主要部位。

葉緣

整片葉子邊緣的輪廓。

葉柄

連接葉身與莖之間的構造。

葉基

葉子接近莖幹或枝條的一端。

Leaf

One of the major vegetative organs of plants, which performs photosynthesis, providing nutrients for plants.

Vein / Nerve

The vascular bundle system in leaves, which has transport and support function.

Midrib

An extension of the petiole which runs along the center of the leaf for the full length of the leaf. It is usually thicker or more pronounced than the other veins.

Lateral vein

A vein that is smaller than the main vein and branches from the latter.

Veinlet

Small veins.

Blade

Extended part of leaf and usually where the majority of photosynthesis is done.

Margin

The outline of the leaf blade.

Petiole

A leaf stalk that connects the leaf blade and stem.

Base

The part of the leaf that is nearest to the stem or branch.

葉子先端

葉子遠離莖幹的一端的頂部。

Apex

The tip of the leaf that is farthest from the stem.

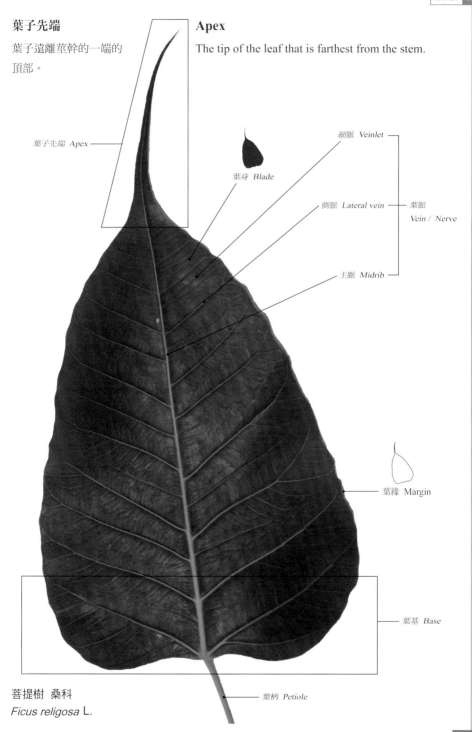

葉子先端 Apex

細脈 Veinlet

葉身 Blade

側脈 Lateral vein

主脈 Midrib

葉脈
Vein / Nerve

葉緣 Margin

葉基 Base

菩提樹 桑科
Ficus religosa L.

葉柄 Petiole

常綠

葉片幾乎全年維持綠色，不會
因季節變遷而變色凋零，且不
於同一時期大量掉落。

Evergreen

Leaves do not fall at the same time so that the plant retains leaves throughout the whole year. The leaves always remain green and do not change color or wither due to seasonal changes.

樟樹　樟科
Cinnamomum camphora (L.) J. Presl

台灣油杉　松科
Keteleeria davidiana (Franchet) Beissner
var. *formosana* Hayata

清水圓柏　柏科
Juniperus chinensis L. var. *taiwanensis* R. P. Adams & C. F. Hsieh

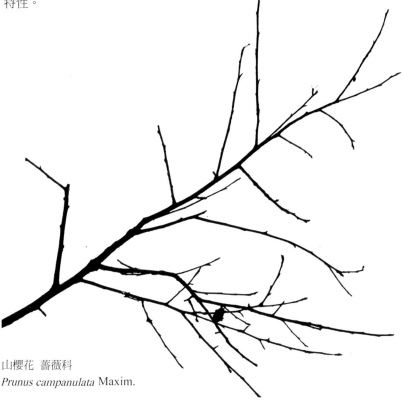

落葉

葉片因秋、冬季低溫或乾旱的氣候等逆境而產生離層後凋落，植物體進入休眠狀態。溫帶地區的闊葉樹多具有落葉的特性。

Deciduous

Petioles form an abscisic layer in order to make leaves fall off during fall, winter or a dry season. It is commonly seen in forests in temperate and boreal regions.

山櫻花　薔薇科
Prunus campanulata Maxim.

木棉　錦葵科
Bombax ceiba L.

台灣水青岡（台灣山毛櫸）　殼斗科
Fagus hayatae Palib. *ex* Hayata

異型葉

同一株植物上具有形態或功能
不同的葉片。

Heterophyllous leaf

Leaves are heterophyllous if they have different morphologies or functions and reside on one plant.

孢子葉
Sporophyll

營養葉
Trophophyll

大葉舌蕨（阿里山舌蕨）　蘿蔓藤蕨科
Elaphoglossum conforme (Sw.) Schott

枝生葉針形
Leaves on the branch are acicular.

莖生葉卵狀心形
Stem leaf is ovate-cordiform.

腰只花　車前科
Hemiphragma heterophyllum Wall.

孢子葉

某些蕨類植物之葉片具有二型性，其產生孢子而具有生殖功能之葉片稱為孢子葉。

Sporophyll

One of two kinds of fern fronds, sporophylls are the kind that produce spores.

營養葉

具二型葉之蕨類植物中，僅行營養生長而不產生孢子的葉片稱為營養葉。

Trophophyll

One of two kinds of fern leaves, trophophylls are the kind that only undergo vegetative growth, without producing any spores.

孢子葉 *Sporophyll*

營養葉 *Trophophyll*

伏石蕨（抱樹蕨） 水龍骨科
Lemmaphyllum microphyllum C. Presl

華中瘤足蕨 瘤足蕨科
Plagiogyria euphlebia (Kunze) Mett.

氣孔

葉下表皮由兩個保衛細胞環繞之孔隙，其開閉可控制氣體交換與水分蒸散。

Stomate / Stoma

A pore which regulates gas exchange and water evaporation. Stomate are controlled by a pair of guard cells on the lower epidermis.

氣孔 Stomate / Stoma

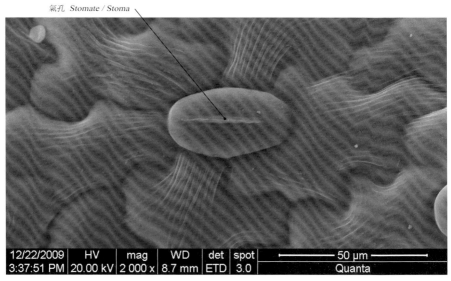

| 12/22/2009 3:37:51 PM | HV 20.00 kV | mag 2 000 x | WD 8.7 mm | det ETD | spot 3.0 | ⊢———— 50 µm ————⊣ Quanta |

小茄　報春花科
Lysimachia japonica Thunb.

圓果秋海棠　秋海棠科
Begonia longifolia Blume

氣孔帶

氣孔密生，匯集成明顯的帶狀。

Stomatic band

A mass of stomata growing together to form an apparent band.

台灣穗花杉　穗花杉科
Amentotaxus formosana Li

三出脈

從葉基分出三條平直且彼此近乎平行的明顯主脈。

Trinerved

Having three distinct nerves that are all arising from the base of the leaf and almost parallel to each other.

三出脈

大野牡丹　野牡丹科
Astronia ferruginea Elmer

台灣山白蘭　菊科
Aster formosanus Hayata

台灣馬桑　馬桑科
Coriaria intermedia Matsum.

網狀脈

葉脈的大小分支互相連結，成為網狀。又分為羽狀網脈與掌狀網脈。

Netted vein / Reticulate vein

All the veins are connected to each other to form a network pattern. This venation can be divided into pinnate-netted venation and palmate-netted venation.

台灣懸鉤子 薔薇科
Rubus formosensis Kuntze

朱槿 錦葵科
Hibiscus rosa-sinensis L.

繁花薯豆 杜英科
Elaeocarpus multiflorus (Turcz.) Fern.-Vill.

羽狀網脈

從一條中脈向兩邊分出較大的
支脈，呈羽毛狀排列，而其小
分支再構成網狀者稱之。

Pinnate-netted venation / Pinnately netted venation

Venation with an obvious midrib and arrangement of branch veins resembling a feather. The smallest veins are connected like a net.

欖仁舅　茜草科
Neonauclea reticulata (Havil.) Merr.

香葉樹　樟科
Lindera communis Hemsl.

咬人狗　蕁麻科
Dendrocnide meyeniana (Walp.) Chew

掌狀網脈

從葉柄之先端同時生出數條主脈，呈掌狀排列，而其小分支再構成網狀者稱之。

Palmate-netted vention / Digitate venation

Venation in which several main veins arise from the tip of the petiole, resembling a palmate leaf. The smallest veins are connected like a net.

山芙蓉　錦葵科
Hibiscus taiwanensis S. Y. Hu

水鴨腳　秋海棠科
Begonia formosana (Hayata) Masam.

異葉山葡萄　葡萄科
Ampelopsis glandulosa (Wall.) Momiy. var. *heterophylla* (Thunb.) Momiy.

平行脈

葉基至葉尖的中脈及側脈為平
行排列，又分側出平行脈與直
出平行脈。

Parallel venation

Venation in which the midvein and lateral veins
are parallel to the leaf axis or each other from
the base to tip of the leaf. This venation can be
divided into transversed parallel venation and
straight parallel venation.

南投寶鐸花　天門冬科
Disporum nantouense S. S. Ying

包籜箭竹　禾本科
Arundinaria usawae Hayata

月桃　薑科
Alpinia zerumbet (Pers.) B. L. Burtt & R. M. Sm.

側出平行 / 橫出平行脈 / 羽狀平行脈

由主脈向兩側伸出的平行脈。

Transversed parallel venation / Pinnately parallel venation

Venation in which lateral veins are parallel to each other and arising from the midvein.

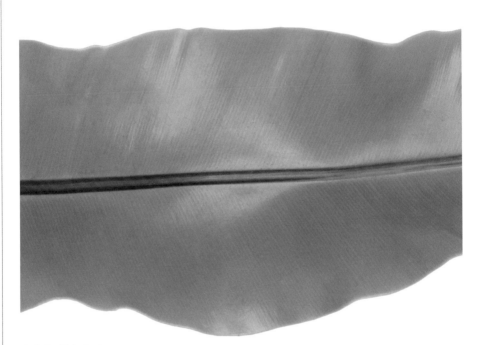

山蘇花 鐵角蕨科
Asplenium antiquum Makino

香蕉 芭蕉科
Musa × *paradisiaca* L.

烏來月桃（大輪月桃） 薑科
Alpinia uraiensis Hayata

直出平行脈

從葉基部至葉尖端，與葉身平
行而出的葉脈。

Straight parallel venation

Venation in which main veins are parallel to the
leaf axis from the base to tip of the leaf.

萎蕤 天門冬科
Polygonatum arisanense Hayata

紫苞舌蘭 蘭科
Spathoglottis plicata Blume

翹距根節蘭 蘭科
Calanthe aristulifera Rchb. f.

針形

葉片細長呈細針狀。

Acicular / Acerose

With needle-shaped leaves.

濕地松 松科
Pinus elliottii Engelm.

台灣華山松 松科
Pinus armandii Franch. var. *masteriana* Hayata

台灣二葉松 松科
Pinus taiwanensis Hayata

線形

葉形細長，兩側葉緣幾近平行。

Linear

A linear leaf is long and narrow as a line, with more or less parallel sides.

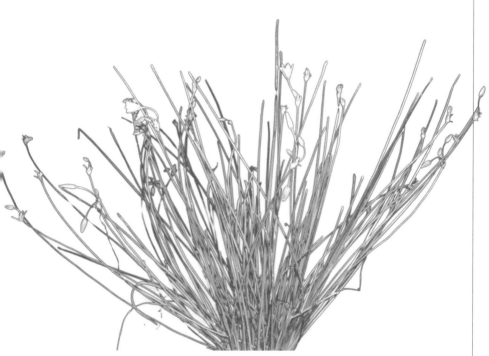

異蕊草 天門冬科
Thysanotus chinensis Benth.

金稜邊蘭 蘭科
Cymbidium floribundum Lindl.

早熟禾 禾本科
Poa annua L.

披針形

葉片近葉基三分之一處最寬，往先端漸呈尖細。因形狀像是古代中醫用的披針、紡織梭前的披針或固定披風的針飾，故稱披針形。

Lanceolate

With the widest point at one-third of the leaf from the base, and tapering toward the apex. The morphology is like a lance, so it is called lanceolate.

漸尖
Taper

野牡丹 野牡丹科
Melastoma candidum D. Don

玉山肺形草（披針葉肺形草） 龍膽科
Tripterospermum lanceolatum (Hayata) H. Hara *ex* Satake

青剛櫟 殼斗科
Quercus glauca Thunb. *ex* Murray

倒披針形

葉片近先端三分之一處最寬，
寬度往葉基漸呈尖狹，形狀與
披針形相反。

Oblanceolate

The reverse of lanceolate, with the widest
point at one-third of the leaf from the apex and
tapering toward the base.

漸尖狹 Taper

海檬果 夾竹桃科
Cerbera manghas L.

台灣杜鵑 杜鵑花科
Rhododendron formosanum Hemsl.

山黃梔 (梔子花) 茜草科
Gardenia jasminoides J. Ellis

鐮形

形狀狹長而略微彎曲，狀似鐮刀。

Falcate

Narrow and slightly bent, resembling a sickle.

小葉鐮形 *Falcate leaflets*

瀑布鐵角蕨 鐵角蕨科
Asplenium cataractarum Rosenst.

鐵色 假黃楊科
Drypetes littoralis (C. B. Rob.) Merr.

相思樹 豆科
Acacia confusa Merr.

橢圓形

葉中部寬，兩端較窄而呈橢圓狀。

Elliptic / Elliptical

Broadest at the middle with two tapering or rounded ends.

台灣赤楊（台灣檔木） 樺木科
Alnus formosana (Burkill *ex* Forbes & Hemsl.) Makino

山柑 山柑科
Capparis sikkimensis Kurz subsp. *formosana* (Hemsl.) Jacobs

燈稱花 冬青科
Ilex asprella (Hook. & Arn.) Champ.

長橢圓形

葉長為葉寬的 1.5 至 2 倍，兩側葉緣幾近平行。

Oblong

With a length that is 1.5 to 2 times the width of the leaf. Both sides of leaf margin are nearly parallel.

雀榕（山榕） 桑科
Ficus subpisocarpa Gagnep.

金錦香 野牡丹科
Osbeckia chinenesis L.

厚葉柃木 五列木科
Eurya glaberrima Hayata

寬橢圓形

葉片呈較寬的橢圓形，通常長
在寬的兩倍以下。

Oval

With a length that is under two times the width
of the leaf and a shape like a broad ellipse.

台灣金線蓮 蘭科
Anoectochilus formosanus Hayata

紅仔珠（七日暈） 葉下珠科
Breynia vitis-idaea (Burm. f.) C. E. Fischer

桂花 木犀科
Osmanthus fragrans (Thunb.) Lour.

卵形

葉片的基部較寬圓而呈蛋形。

Ovate

With an egg-shaped outline and broad leaf base.

無梗忍冬 忍冬科
Lonicera apodantha Ohwi

水黃皮 豆科（小葉卵形）
Pongamia pinnata (L.) Pierre

玉山山奶草 桔梗科
Codonopsis kawakamii Hayata

倒卵形

葉片呈蛋形，但葉尖部位較寬圓。

Obovate

The reverse of ovate, with a broad apex of the leaf.

欖仁 使君子科
Terminalia catappa L.

森氏紅淡比 五列木科
Cleyera japonica Thunb. var. *morii* (Yamam.) Masam.

台灣石櫟 殼斗科
Lithocarpus formosanus (Hayata) Hayata

心形

葉基凹陷而先端較尖，葉片呈
心的形狀。

Cordate / Cordiform

Heart-shaped with a wide, notched base and a
narrow apex.

泡果苘 錦葵科
Abutilon crispum (L.) Medik.

小莕菜 睡菜科
Nymphoides coreana (H. Lév.) H. Hara

心葉羊耳蒜（銀鈴蟲蘭） 蘭科
Liparis cordifolia Hook. f.

倒心形

基部楔形，先端寬圓而中間凹
陷。

Obcordate / Obcordiform

The reverse of ovate, with a broad apex of the
leaf.

小葉倒心形
Obcordate leaflets

酢漿草 酢漿草科
Oxalis corniculata L.

紫花酢漿草 酢漿草科
Oxalis corymbosa DC.

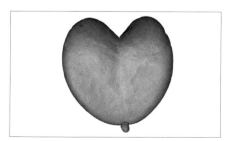

心葉毬蘭 夾竹桃科
Moya Kerrii Craib

盾形

葉柄直接連接於葉身而非與葉緣相連，呈盾牌狀。

Peltate

With a petiole attached to the blade rather than the base or margin.

葉柄直接連接於葉身
Petiole attached to the blade directly.

蓮葉桐 蓮葉桐科
Hernandia nymphiifolia (C. Presl) Kubitzki

血桐 大戟科
Macaranga tanarius (L.) Müll. Arg.

八角蓮 小檗科
Dysosma pleiantha (Hance) Woodson

腎形

葉片先端寬圓而葉基微微內
凹，呈腎臟形。

Reniform

Kidney-shaped, with broader, round end at the
apex and slightly notched at the base.

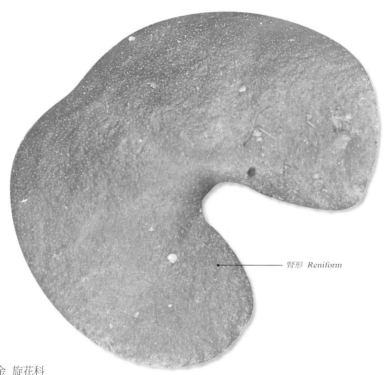

腎形 Reniform

馬蹄金 旋花科
Dichondra micrantha Urb.

刺莓寒莓 薔薇科
Rubus pectinellus Maxim.

虎耳草 虎耳草科
Saxifraga stolonifera Meerb.

圓形

葉片形似滿月，呈圓形。

Orbicular / Orbiculate / Rotund / Circular

Full-moon shaped, with an approximately circular outline.

芡 睡蓮科
Euryale ferox Salisb.

克魯茲王蓮 睡蓮科
Victoria cruziana A.D. Orb.

金蓮花 金蓮花科
Tropaeolum majus L.

三角形

葉片於葉基處最寬而往先端漸
尖，形似三角形。

Deltate / Deltoid

Triangle-shaped, with the widest part at the
base and extending directly toward the apex
without widening or tapering.

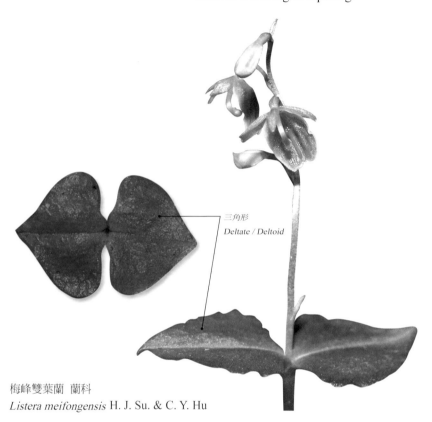

三角形
Deltate / Deltoid

梅峰雙葉蘭 蘭科
Listera meifongensis H. J. Su. & C. Y. Hu

日本雙葉蘭 蘭科
Listera japonica Blume

扛板歸 蓼科
Persicaria perfoliata (L.) H. Gross

倒三角形

葉片於先端處最寬而往基部漸尖，狀似倒三角形。

Obdeltoid

Deltoid-shaped, with the widest part at the apex and extending directly toward the apex without widening or tapering.

倒三角形
Obdeltoid

三角榕 桑科
Ficus triangularis Warb.

紫葉酢漿草 酢漿草科
Oxalis triangularis A. St.-Hil.

大萍 天南星科
Pistia stratiotes L.

菱形

葉片呈等邊的斜方形。

Rhombic

Lozenge-shaped, in the shape of an equilateral parallelogram.

菱形 Rhombic

菱葉柿　柿樹科
Diospyros rhombifolia Hemsl.

假藿香薊　菊科
Ageratina adenophora (Spreng.) R. M. King & H. Rob.

阿里山繁縷　石竹科
Stellaria arisanensis (Hayata) Hayata

匙形

葉片形狀像飯匙，上半部寬圓，往葉基處漸狹。

Spatulate

Spatula-shaped, with a rounded apex and gradual tapering toward the base.

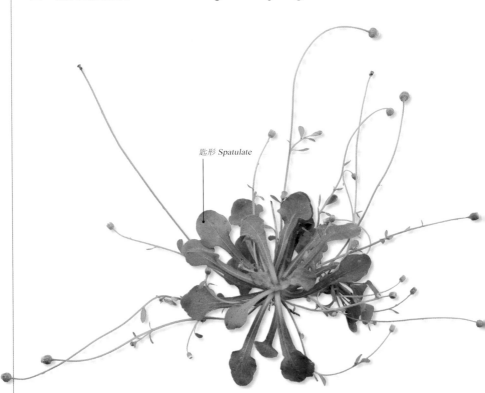

匙形 Spatulate

類雛菊飛蓬　菊科
Erigeron bellioides DC.

匙葉鼠麴草　菊科
Gnaphalium pensylvanicum Willd.

茶匙黃　堇菜科
Viola diffusa Ging.

144

琴狀羽裂 / 大頭羽裂

葉片形狀像西洋七弦琴,略有羽裂,先端裂片大而圓,其下的裂片較小。

Lyrate

Lyre-shaped, with the terminal lobe large and rounded and the lower lobes much smaller and pinnatifid.

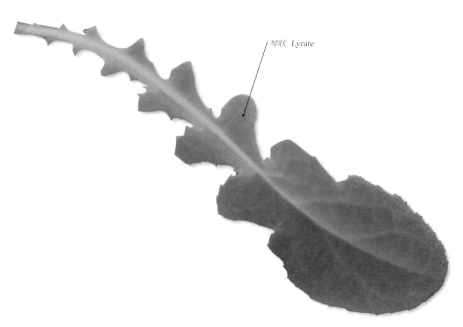

琴狀 Lyrate

台灣黃鵪菜 菊科
Youngia japonica (L.) DC. subsp. *formosana* (Hayata) Kitam.

裂葉艾納香 菊科
Blumea laciniata (Roxb.) DC.

焊菜 十字花科
Cardamine flexuosa With.

提琴形

葉片形狀像西洋古典樂器大提琴。

Pandurate / Panduriform

Fiddle-shaped.

提琴形
Pandurate/ panduriform

濱榕 桑科
Ficus tannoensis Hayata

猩猩草 大戟科
Euphorbia cyathophora Murray

提琴葉榕 桑科
Ficus lyrata Warb.

扇形

葉片形狀像扇子，先端寬圓呈
弧狀，往葉基處漸狹。

Flabellate / Flabelliform / Fan-shaped

Fan-shaped, with the apex arched, broad and rounded and the base narrow like a handle.

扇形
Flabellate/ flabelliform/ fan-shaped

銀杏 銀杏科
Ginkgo biloba L.

團扇蕨 膜蕨科
Gonocormus minutus (Blume) Bosch

雙扇蕨 雙扇蕨科
Dipteris conjugata Reinw.

箭形

葉片形狀像箭矢前端的尖刺，
葉基裂片向下。

Sagittate

Arrowhead-shaped, with the basal lobes
pointed downward.

葉基裂片向下
*With basal lobes pointed
downward.*

絨葉合果芋　天南星科
Syngonium wendlandii Schott

土半夏　天南星科
Typhonium blumei Nicolson & Sivadasan

箭葉蓼　蓼科
Persicaria sagittata (L.) H. Gross

戟形

葉似箭形，具有狀似戟的尖銳
先端，且裂片朝外。

Hastate / Halberd-shaped

Arrowhead-shaped, similar to sagittate except
that the basal lobes are turned outward instead
of downward.

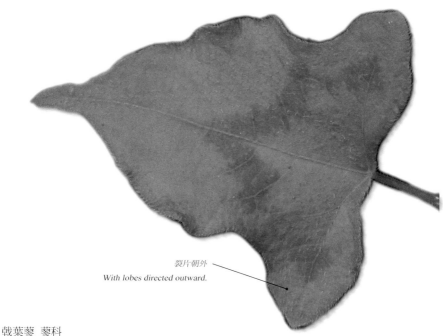

裂片朝外
With lobes directed outward.

戟葉蓼 蓼科
Persicaria thunbergii (Siebold & Zucc.) H. Gross

黃花鼠尾草 唇形科
Salvia nipponica Miq. var. *formosana* (Hayata) Kudo

刺蓼 蓼科
Persicaria senticosa (Meisn.) H. Gross

鑿形

葉片短小，寬度往先端漸狹，
先端尖銳而呈鑿刀狀。

Subulate

Awl-shaped, with stout leaves and tapering
toward a sharp point, as a stout knife.

台灣杉　柏科
Taiwania cryptomerioides Hayata

刺柏　柏科
Juniperus formosana Hayata

香青（玉山圓柏）　柏科
Juniperus squamata Buch.-Ham. *ex* Lamb.

鱗片狀

葉片小而扁平，通常無柄。

Scale-like

A tiny, flattened leaf, usually without a petiole.

台灣肖楠 柏科
Calocedrus macrolepis Kurz var. *formosana* (Florin) Cheng & L.K. Fu.

地刷子 石松科
Lycopodium complanatum L.

紅檜 柏科
Chamaecyparis formosensis Matsum.

抱莖

不具葉柄，葉基兩側緊貼在莖的周圍。

Amplexicaul / Stem-clasping

With the base of the leaf clasping around the stem without any petiole.

抱莖
Amplexicaul / Stem-clasping

尼泊爾蓼（野蕎麥） 蓼科
Persicaria nepalensis (Meisn.) H. Gross

南國小薊 菊科
Cirsium japonicum DC. var. *australe* Kitam.

鈴木氏薊 菊科
Cirsium suzukii Kitam.

耳狀抱莖

葉基抱莖，並具耳狀裂片環繞
著莖。

Auriculate-clasping / Auriculate-amplexicaul

With the base of the leaf clasping the stem and ear-like lobes encircling the stem.

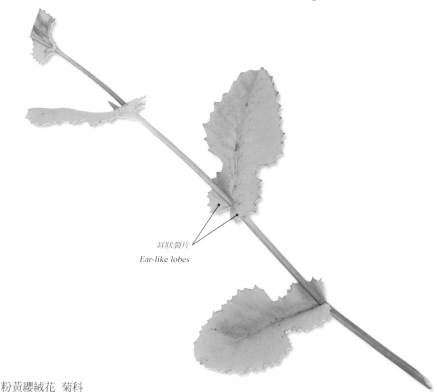

耳狀裂片
Ear-like lobes

粉黃纓絨花　菊科
Emilia praetermissa Milne-Redh.

苦滇菜（苦菜）　菊科
Sonchus oleraceus L.

火炭母草　蓼科
Persicaria chinensis (L.) H. Gross

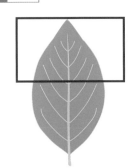

銳尖

葉片先端或基部尖銳，
呈銳角狀，但兩邊平直
不內凹。

Acute

With the tip or base of the leaf
gradually tapering to a point.

漸尖

葉片先端或基部漸次窄
縮，尖頭延長，並有微
微內凹的邊緣。

Acuminate

With the apex or base gradually
tapering to a sharp, long tip and with
concave sides along to the tip.

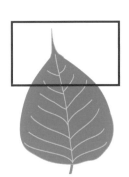

芒尖

葉片先端或葉緣有一延
伸的芒刺狀構造。

Aristate

Apex or margin bearing an awn or
bristle at the tip.

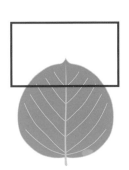

細尖 Apiculate

葉片尖端驟然突起呈細
尖狀。

Apiculate

With an abruptly, narrow, small
point at the apex.

尾狀

葉片先端延伸形成長尾狀。

Caudate

With an apex that is tail-like.

捲尾狀

葉片先端延伸如尾狀，並捲曲。

Cirrhose / Cirrhous / Cirrose

With an apex that has a cirrus.

具短尖的

葉片的中肋突出於葉端外，形成短銳的尖頭。

Mucronate

With a small point at the apex, which is formed by the midrib.

具小短尖的

葉片的中肋微微突出於葉端外。

Mucronulate

The leaf tip ending with a tiny point, which is produced by midrib.

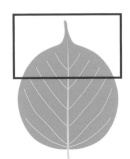

驟突

葉片先端有一尖銳刺狀
突起。

Cuspidate

With the leaf terminating to an
abrupt and sharp tip.

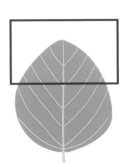

鈍

葉片先端或基部圓滑，
無銳角。

Obtuse

With the tip or base of the leaf
narrow and round.

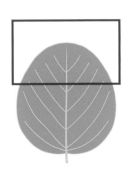

圓

葉片先端或基部呈圓弧
狀。

Rounded

With a rounded apex or base.

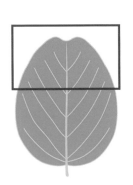

微凹

葉片先端微微向內凹
陷。

Retuse

With the leaf tip obtuse with a broad
shallow notch in the middle.

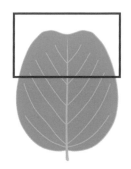

回缺
葉片先端向內凹陷。

Emarginate
With a notch at the apex.

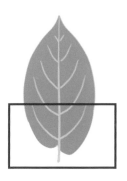

歪基
葉片基部兩側不相等的情形。

Oblique
With the base of the leaf having unequal sides.

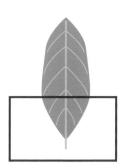

楔形
葉片由中部往基部漸狹，葉緣平直，形如楔子。

Cuneate
With the leaf tapering from a broad summit to a narrow base; wedge-shaped.

截形
葉片先端或基部平整，略呈直線，如刀切截般。

Truncate
With the tip or base of the leaf terminating with a straight line, as a blunt or cut off end.

全緣

葉緣連續且完整平滑，沒有缺刻或鋸齒或裂片。

Entire

With a leaf margin that is continuous and smooth, without any serrations, teeth or lobes.

全緣 Entire

風藤 胡椒科
Piper kadsura (Choisy) Ohwi

柘樹 桑科
Maclura cochinchinensis (Lour.) Corner

瓊崖海棠（胡桐） 胡桐科
Calophyllum inophyllum L.

鋸齒狀

葉緣具有尖銳的齒，齒端朝向葉尖。

Serrate

With a leaf margin that has sharp teeth pointed forward, i.e. toward the apex.

鋸齒狀 Serrate

山枇杷 薔薇科
Eriobotrya deflexa (Hemsl.) Nakai

小桑樹 (小葉桑) 桑科
Morus australis Poir.

田代氏澤蘭 菊科
Eupatorium clematideum (Wall. ex DC.) Sch. Bip.

細鋸齒狀

葉緣為齒距較細小的鋸齒狀。

Serrulate

With a leaf margin that has minute, sharp teeth pointed forward, i.e. toward the apex.

細鋸齒狀 Serrulate

高山薔薇 薔薇科
Rosa transmorrisonensis Hayata

密花苧麻 蕁麻科
Boehmeria densiflora Hook. & Arn.

楓香 楓香科
Liquidambar formosana Hance

重鋸齒

大鋸齒的邊緣又有小鋸齒，形成雙重的鋸齒狀。

Biserrate / Double-serrate

With the teeth of a serrate leaf also having serrations; doubly serrate.

重鋸齒
Biserrate / Double-serrate

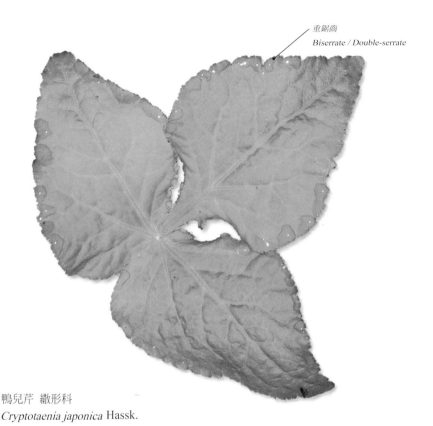

鴨兒芹 繖形科
Cryptotaenia japonica Hassk.

山櫻花 薔薇科
Prunus campanulata Maxim.

阿里山千金榆 樺木科
Carpinus kawakamii Hayata

鈍齒狀 / 圓齒狀　　Crenate

葉緣具圓鈍狀齒。

With a leaf margin that is regular and has rounded teeth.

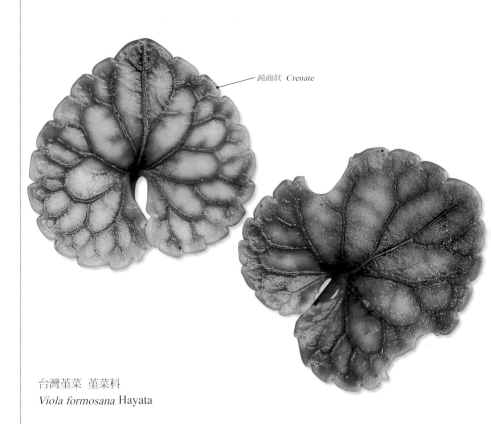

鈍齒狀　Crenate

台灣堇菜　堇菜科
Viola formosana Hayata

喜岩堇菜　堇菜科
Viola adenothrix Hayata

鈴木草（假馬蹄草）　唇形科
Suzukia shikikunensis Kudo

細圓齒狀

葉緣具較小的圓鈍狀齒。

Crenulate

With a leaf margin that has small, rounded teeth.

細圓齒狀 Crenulate

日本衛矛 衛矛科
Euonymus japonicus Thunb.

杜英 杜英科
Elaeocarpus sylvestris (Lour.) Poir.

短柱山茶 茶科
Camellia brevistyla (Hayata) Coh.-Stuart

波狀

葉緣呈明顯的波浪狀起伏。

Undulate

With a leaf margin that is slightly wavy.

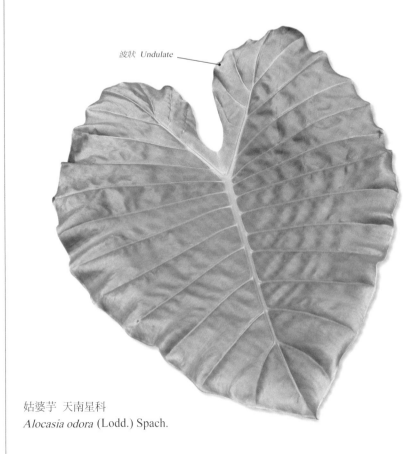

波狀 Undulate

姑婆芋 天南星科
Alocasia odora (Lodd.) Spach.

山月桃 薑科
Alpinia intermedia Gagnep.

皺葉山蘇花 鐵角蕨科
Asplenium nidus L. cv. Plicatum

深波狀

葉緣呈大波浪狀的輪廓。

Sinuate

With a leaf margin that is deeply wavy.

深波狀 Sinuate

印度茄 茄科
Solanum violaceum Ortega

大花黃鵪菜 菊科
Youngia japonica (L.) DC. subsp. *longiflora*
Babc. & Stebbins

槲樹 殼斗科
Quercus dentata Thunb.

皺波狀

葉緣具有明顯且較皺的波浪狀
起伏。

Crispate / Crisped

With a leaf margin that has noticeably curled or
ruffled waves.

皺波狀 Crispate / Crisped

羊蹄 蓼科
Rumex japonicus Houtt.

皺葉萵苣 菊科
Lactuca sativa L. var. *crispa* L.

白菜 十字花科
Brassica rapa L. subsp. *campestris* (L.) A. R. Clapham

齒牙狀

葉緣呈尖銳的齒狀，齒端向外。

Dentate

With a leaf margin that is acute and has teeth pointing outward.

齒牙狀 Dentate

漢氏山葡萄　葡萄科
Ampelopsis brevipedunculata (Maxim.) Trautv. var. *hancei* (Planch.) Rehder

粉黃纓絨花　菊科
Emilia praetermissa Milne-Redh.

雷公根　繖形科
Centella asiatica (L.) Urb.

毛緣

葉緣有細毛著生。

Ciliate

With a leaf margin that has tiny hairs.

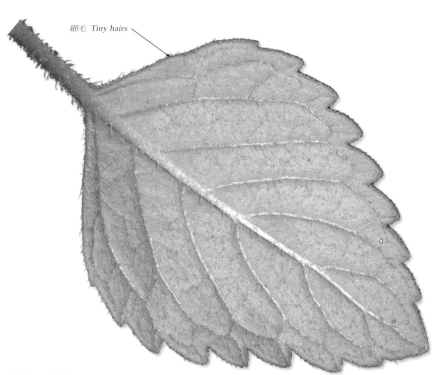

細毛 Tiny hairs

風輪菜 唇形科
Clinopodium chinense (Benth.) Kuntze

水冠草 茜草科
Argostemma solaniflorum Elmer

含羞草 豆科
Mimosa pudica L.

裂片

葉片具有分裂的植物中，葉片分裂的單元稱為裂片，如楓香的葉片。

Lobe

A subdivision of a leaf.

裂片 Lobe

整個為一單葉
The whole structure is
regarded as one single leaf.

水鴨腳　秋海棠科
Begonia formosana (Hayata) Masam.

青楓　無患子科
Acer serrulatum Hayata

掌葉毛茛　毛茛科
Ranunculus cheirophyllus Hayata

二裂

葉先端具有兩枚裂片。

Bifid / Bisected

With two parts or lobes divided at the apex of a leaf by a cleft.

裂片 Lobe

燕尾蕨 燕尾蕨科
Cheiropleuria bicuspis (Blume) C. Presl

菊花木 豆科
Bauhinia championii (Benth.) Benth.

洋紫荊 豆科
Bauhinia purpurea L.

三裂

葉先端具有三枚裂片。

Trifid

With three parts or lobes divided at the apex of a leaf by clefts.

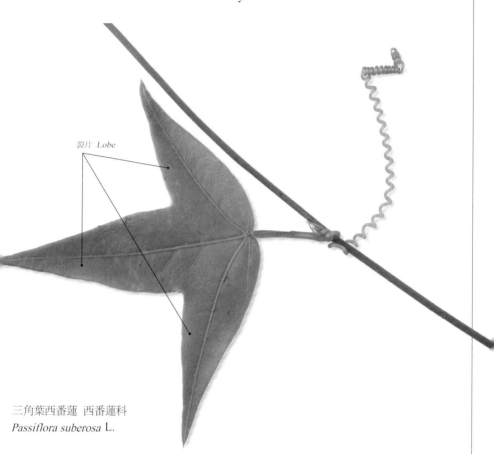

裂片 Lobe

三角葉西番蓮　西番蓮科
Passiflora suberosa L.

西番蓮 (百香果)　西番蓮科
Passiflora edulis Sims

台灣三角楓　無患子科
Acer albopurpurascens Hayata var. *formosanum* (Hayata ex Koidz.) C. Y. Tzeng & S. F. Huang

多裂

葉深裂成許多狹窄的裂片。

Dissected

With a leaf divided into many narrow segments.

裂片 *Lobe*

觀音棕竹　棕櫚科
Rhapis excelsa (Thunb.) A. Henry

高山破傘菊　菊科
Syneilesis subglabrata (Yamam. & Sasaki) Kitam.

艾（五月艾）　菊科
Artemisia indica Willd.

全裂

裂片明顯，裂口深及葉片基部
或葉脈中肋。

Sected / Divided

With a leaf margin split to the base or midrib.

裂片 *Lobe*

葉片基部 *Base*

掌狀全裂，整體為一單葉
*Palmatisect, the whole structure
is regarded as one single leaf.*

番仔藤（槭葉牽牛） 旋花科
Ipomoea cairica (L.) Sweet

田字草 田字草科
Marsilea minuta L.

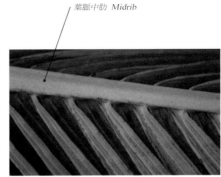

葉脈中肋 *Midrib*

酒瓶椰子 棕櫚科
Hyophorbe amaricaulis Mart.

掌狀裂

葉片分裂如手掌狀。

Palmatifid

With a leaf margin that has clefts giving rise to a palmate form.

胡氏懸鉤子 薔薇科
Rubus hui Diels

台灣掌葉槭 無患子科
Acer palmatum Thunb. var. *pubescens* H. L. Li

五葉黃連 毛茛科
Coptis quinquefolia Miq.

羽狀裂

葉片呈羽毛狀分裂，稱為羽狀裂。

Pinnatifid

With leaves that have pinnately cleft parts.

情人菊 菊科
Euryops chrysanthemoides (DC.) B. Nord

白花小薊 菊科
Cirsium japonicum DC. var. *takaoense* Kitam.

拎樹藤 天南星科
Epipremnum pinnatum (L.) Engl. *ex* Engl. & Kraus

二回羽狀裂

具有二重羽狀分裂。

Bipinnatifid

With leaves that are twice pinnately cleft.

闊片鳥蕨 陵齒蕨科
Sphenomeris biflora (Kaulf.) Tagawa

短柄卵果蕨（翅軸假金星蕨） 金星蕨科
Phegopteris decursive-pinnata (H. C. Hall)
Fée

毛葉蕨 膜蕨科
Pleuromanes pallidum (Blume) C. Presl

三回羽狀裂

具有三重羽狀分裂。

Tripinnatifid

With leaves that are thrice pinnately cleft.

細葉蕗蕨 膜蕨科
Mecodium polyanthos (Sw.) Copel.

高山珠蕨 鳳尾蕨科
Cryptogramma brunoniana Wall. *ex* Hook. & Grev.

厚壁蕨 膜蕨科
Meringium denticulatum (Sw.) Copel.

單葉

若葉柄上只著生一枚葉身，且葉柄與葉身之間無關節，是為單葉。植物的葉腋常有腋芽，腋芽的位置有助於識別單葉或複葉。

Simple leaf

A leaf with only one complete blade attached to the petiole, and without articulation at junction of the petiole and blade. Simple leaves can be distinguished from leaflets of compound leaves because axillary buds will grow only at the base of the petiole.

一枚單葉
One simple leaf

腋芽 *Axillary bud*

流蘇樹 木犀科
Chionanthus retusus Lindl. & Paxt.

鬼石櫟 殼斗科
Lithocarpus castanopsisifolius (Hayata) Hayata

梜木 山茱萸科
Swida macrophylla (Wall.) Soják

複葉

一枚葉上具有兩枚以上小葉，小葉之葉腋不具腋芽，是為複葉。複葉主要分為掌狀複葉、羽狀複葉與三出複葉等。

Compound leaf

A leaf that contains two or more leaflets, which do not have axillary buds. Most compound leaves belong to one of the following categories: ternately compound leaf, palmately compound leaf and pinnately compound leaf.

小葉
組成複葉的單位。

Leaflet
A discrete unit of a compound leaf.

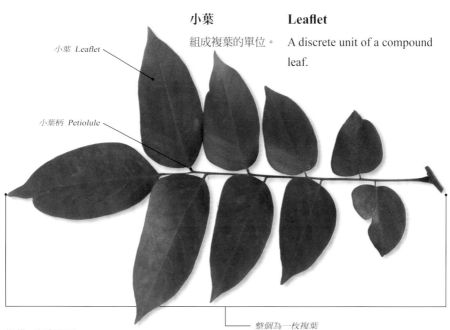

小葉 Leaflet

小葉柄 Petiolule

整個為一枚複葉
The whole structure is regarded as one compound leaf

楊桃 酢漿草科
Averrhoa carambola L.

番龍眼 無患子科
Pometia pinnata J. R. Forst. & G. Forst.

野木藍 豆科
Indigofera suffruticosa Mill.

單身複葉

被視為三出複葉的退化類型，兩側小葉不存在，僅留一枚頂生小葉，其基部和葉軸交界處有一關節，葉軸向兩側延展成翅狀，常見於柑橘類植物。

Unifoliate compound leaf

Regarded as a regression to a simpler form of ternately compound leaf, in which the lateral leaflets have degenerated, leaving only one terminal leaflet. There is a joint at the junction of the terminal leaflet and rachis and a wing-like structure along both sides of the rachis. Such leaves are common in citrus species.

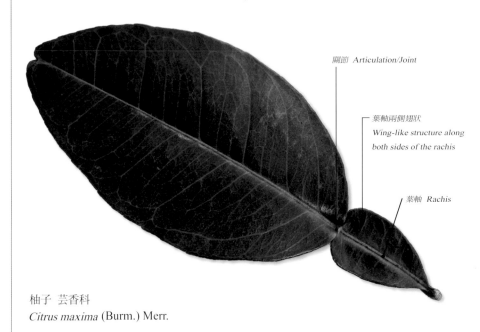

關節 Articulation/Joint

葉軸兩側翅狀
Wing-like structure along both sides of the rachis

葉軸 Rachis

柚子 芸香科
Citrus maxima (Burm.) Merr.

葫蘆茶 豆科
Tadehagi triquetrum (L.) Ohashi subsp. *pseudotriquetrum* (DC.) Ohashi

柚葉藤 天南星科
Pothos chinensis (Raf.) Merr.

三出複葉

總葉柄上著生三枚小葉的複
葉。

Ternately compound leaf / Trifoliolate leaf / Trifoliolately compound leaf

Three leaflets attached to the petiole.

茄冬 葉下珠科
Bischofia javanica Blume

山陀兒 棟科
Sandoricum indicum Cav.

三腳虌草（苗栗崖爬藤） 葡萄科
Tetrastigma bioritsense (Hayata) T. W. Hsu & C. S. Kuoh

掌狀複葉

各小葉集生於總葉柄頂端，呈掌狀展開排列。

Palmately compound leaf / Digitately compound leaf

All leaflets originate from the same part of a petiole, just as fingers on a hand.

鵝掌柴（江某、高山鴨腳木） 五加科
Schefflera octophylla (Lour.) Harms

洋紅風鈴木 紫葳科
Tabebuia impetiginosa (DC.) Standley.

鵝掌藤 五加科
Schefflera odorata (Blanco) Merr & Rolfe

羽狀複葉

側生各羽片或小葉排列在葉軸上成羽毛狀。依頂小葉的有無或回數可再細分（詳見後列名詞介紹）。

Pinnately compound leaf

Leaflets are arranged on opposite sides of the rachis, like a feather. Can be classified into further categories either by the presence or absence of a lone terminal leaflet or by different degrees of pinnation.

葉軸

羽狀複葉中，葉柄以上的葉序主軸，小葉著生其上。

Rachis

The main axis of a compound leaf above the petiole and where leaflets attach.

葉柄 Petiole

大葉桃花心木 棟科
Swietenia macrophylla King

葉軸 Rachis

雙面刺 芸香科
Zanthoxylum nitidum (Roxb.) DC.

翼柄花椒 芸香科
Zanthoxylum schinifolium Siebold & Zucc.

奇數羽狀複葉

羽狀複葉之頂端有一頂生小葉，且小葉數目為單數者。

Odd-pinnately compound leaf / Imparipinnately compound leaf

Leaf that has an odd number of leaflets because of a lone terminal leaflet.

頂小葉 *Terminal leaflet*

白雞油（光蠟樹） 木犀科
Fraxinus griffithii C. B. Clarke

野木藍 豆科
Indigofera suffruticosa Mill.

玉山金梅 薔薇科
Potentilla leuconota D. Don

偶數羽狀複葉

羽狀複葉之頂端無頂生小葉，
且小葉數目為偶數者。

Abruptly pinnate compound leaf / Even-pinnately compound leaf / Paripinnately compound leaf

Leaf that has an even number of leaflets because of the absence of a lone terminal leaflet.

墨水樹 豆科
Haematoxylon campechianum L.

黃連木 漆樹科
Pistacia chinensis Bunge

黃槐 豆科
Senna surattensis (Burm. f.) H. S. Irwin & Barneby

一回羽狀複葉

葉軸兩側不分枝，僅具一列小葉的羽狀複葉。

Unipinnately compound leaf

A compound leaf in which the rachis does not branch into secondary rachii, so only this one rachis gives rise to leaflets.

水黃皮 豆科
Pongamia pinnata (L.) Pierre

白絨懸鉤子 薔薇科
Rubus niveus Thunb.

野核桃 胡桃科
Juglans mandshurica Maxim.

二回羽狀複葉

葉軸的兩側具有羽狀排列的分
枝，分枝上著生羽狀排列之小
葉。

Bipinnately compound leaf

A compound leaf in which the primary rachis
branches into secondary rachii in a pinnate
manner, which then give rise to the leaflets.

小實孔雀豆　豆科
Adenanthera microsperma Teijsm. & Binn.

水芹菜　繖形科
Oenanthe javanica (Blume) DC.

鵲不踏（台灣楤木）　五加科
Aralia decaisneana Hance

多回羽狀複葉

葉軸兩側具有二回以上的分
枝，最末分枝上具有羽狀排列
小葉。

Multi-pinnately compound leaf

A compound leaf in which the primary rachis has orders of rachii beyond the secondary rachii. The leaflets arise from the highest order rachii.

南天竹 小檗科
Nandina domestica Thunb.

薄葉碎米蕨 鳳尾蕨科
Cheilanthes tenuifolia (Burm. f.) Sw.

南洋桫欏 桫欏科
Cyathea loheri H. Christ

莖穿葉的

著生在莖節上的葉或其他構造
完全環莖而生，使得莖看似由
其中央穿出。

Perfoliate

With a leaf or other structure entirely
surrounding the stem, as if the stem is passing
through the leaf.

莖穿托葉
The stem passing through the stipule.

扛板歸 蓼科
Persicaria perfoliata (L.) H. Gross

串錢草 龍膽科
Canscora lucidissima (H. Lév. & Vaniot) Hand.-Mazz.

葉序

葉在莖上或枝上的排列方式。
主要可分為互生、對生、十字
對生、輪生、叢生等。

Phyllotaxy / Phyllotaxis

The arrangement of the leaves on the stem or
branch, which can be divided into alternate,
opposite, decussate, whorled and fasiculate.

互生 Alternate

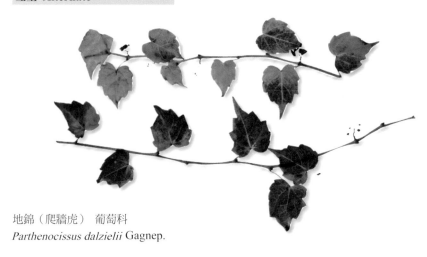

地錦（爬牆虎） 葡萄科
Parthenocissus dalzielii Gagnep.

輪生 Whorled

台灣及己 金粟蘭科
Chloranthus oldhamii Solms

叢生 Fasciculate

白水木　紫草科
Tournefortia argentea L. f.

十字對生 Decussate

對生 Opposite

紅蕘花　瑞香科
Wikstroemia mononectaria Hayata

灰葉蕕　唇形科
Caryopteris incana (Thunb. *ex* Houtt.) Miq.

互生

莖的每節僅著生一葉，相鄰節
位的葉片會著生在莖的不同
側。

Alternate

With a single leaf borne at each node. Adjacent leaves are on different sides of the stem.

互生　Alternate

柿葉茶茱萸　茶茱萸科
Gonocaryum calleryanum (Baill.) Becc.

瓜馥木　番荔枝科
Fissistigma oldhamii (Hemsl.) Merr.

白珠樹（冬青油樹）　杜鵑花科
Gaultheria cumingiana Vidal

對生

莖的每一節上生有二葉，分別
著生在莖的相對兩側。

Opposite

With two leaves borne on opposite sides of the
same node.

對生 Opposite ———

竹柏 羅漢松科
Nageia nagi (Thunb.) Kuntze

杜虹花（台灣紫珠） 唇形科
Callicarpa formosana Rolfe

旱田草 母草科
Lindernia ruelloides (Colsm.) Pennell

十字對生

葉對生，但相鄰節位的兩對葉之著生方向彼此垂直。

Decussate

With leaves arranged along the stem in pairs. The adjacent pairs are situated at right angles to each other.

十字對生
Decussate

益母草 唇形科
Leonurus japonicus Houtt.

台灣黃芩 唇形科
Scutellaria taiwanensis C. Y. Wu

金劍草 唇形科
Anisomeles indica (L.) Kuntze

輪生

莖節著生三枚以上葉片，並且
呈輪狀排列。

Whorled

With three or more leaves arising from the
same node and arranged in a whorled pattern.

七葉一枝花 黑藥花科
Paris polyphylla Sm.

黑板樹 夾竹桃科
Alstonia scholaria (L.) R. Br.

圓葉豬殃殃 茜草科
Galium formosense Ohwi

叢生

多枚葉片密集著生於莖上，其節間短縮，不易分辨互生、對生或輪生時，稱之為叢生。

Fasciculate

With a dense cluster of leaves formed from the stem and difficult to distinguish the phyllotaxy because of the short length of the internode.

奧氏虎皮楠　虎皮楠科
Daphniphyllum glaucescens Bl. subsp. *oldhamii* (Hemsl.) Huang

蘭嶼土沉香　大戟科
Excoecaria kawakamii Hayata

白水木　紫草科
Tournefortia argentea L. f.

蓮座狀

葉密集著生於（通常短縮的）莖的基部，狀似一朵盛開的蓮花。

Rosulate

Leaves arranged in basal rosettes, the stem being very short.

地錢草　報春花科
Androsace umbellata (Lour.) Merr.

茶匙黃　菫菜科
Viola diffusa Ging.

石蓮花　景天科
Graptopetalum paraguayense (N.E. Br.) E. Walther

莖生葉

著生在莖節上的葉。

Cauline leaf

Leaf arising from the stem.

著生在莖節
Arising from the stem

黃花月見草 柳葉菜科
Oenothera glazioviana Micheli

水辣菜 (禺毛茛) 毛茛科
Ranunculus cantoniensis DC.

刀傷草 菊科
Ixeridium laevigatum (Blume) J. H. Pak & Kawano

基生葉

著生在莖基部的葉片。

Radical leaf

Leaf arising from the base of stem.

基生葉 Radical leaf

車前草 車前科
Plantago asiatica L.

佛氏通泉草 蠅毒草科
Mazus fauriei Bonati

台灣黃鵪菜 菊科
Youngia japonica (L.) DC. subsp. *formosana* (Hayata)
Kitam.

葉鞘

葉片基部或葉柄形成鞘狀，包圍莖的部分。

Leaf sheath

A sheath structure arising from the base of the leaf or the petiole that covers the stem.

寶島羊耳蒜 蘭科
Liparis formosana Reichb. f.

葉鞘
Leaf sheath

月桃 薑科
Alpinia zerumbet (Pers.) B. L. Burtt & R. M. Sm.

薏苡 禾本科
Coix lacryma-jobi L.

托葉

葉柄基部的附屬構造，通常成對著生，為綠色細小或膜質的片狀物，有時呈鱗狀或刺狀。托葉通常先於葉片長出，並於早期起著保護幼葉和芽的作用。托葉有時於葉成長後脫落，某些則宿存或至葉老熟後脫落。

Stipule

Appendage at the base of the petiole, which usually grows in pairs and is green, tiny and leaf-like, or sometimes membranous, scaly or spiny. Stipules usually develop prior to the leaves and offer protection for the young leaves and buds during their early growth stages. They also usually abscise after the leaf develops, however in some plants they persist.

托葉 Stipule —

血桐 大戟科
Macaranga tanarius (L.) Müll. Arg.

虎婆刺 薔薇科
Rubus croceacanthus H. Lév.

恆春鉤藤 茜草科
Uncaria lanosa Wall. var. *appendiculata* Ridsdale

花

花是被子植物的生殖器官，完全花是由是由花萼、花冠、雄器和雌器所組成。

Flower

The major reproductive organ in angiosperms. A complete flower is composed of the calyx, corolla, stamens and pistils.

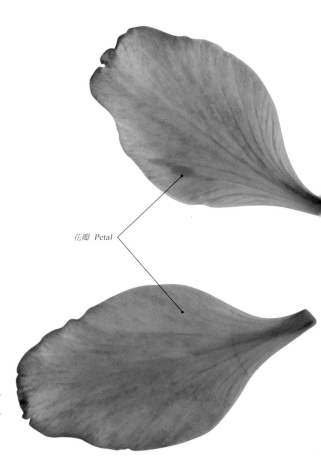

花瓣 Petal

羊蹄甲 豆科
Bauhinia variegata L.

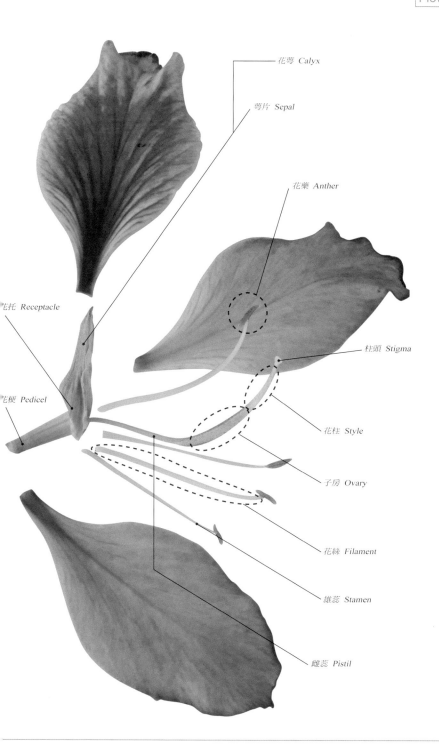

花萼 Calyx

萼片 Sepal

花藥 Anther

花托 Receptacle

柱頭 Stigma

花梗 Pedicel

花柱 Style

子房 Ovary

花絲 Filament

雄蕊 Stamen

雌蕊 Pistil

花瓣

位於萼片與雄蕊之間，是花朵最明顯的構造，用以吸引傳粉者前來，花瓣通常比萼片大，並且具有鮮明的色彩和多樣的形狀。

Petal

Usually the most obvious part of a flower, which is located between the calyx and stamens. They are usually larger than the calyx and have vivid colors and various shapes to attract pollinators.

花冠

為一朵花所有的花瓣之合稱。

Corolla

All flower petals collectively.

萼片

位於花的最外輪，通常為綠色，形狀像花瓣或葉片。

Sepal

The outermost perianth whorl of a flower. The morphology is like a petal or leaf and the color is usually green.

花萼

一朵花所有的萼片之合稱。

Calyx

Collective term for all the sepals.

花托

位於花梗頂端的膨大構造，其上著生有花萼、花冠、雌蕊和雄蕊。

Receptacle

The expanded part at the end of the pedicel from which the flower organs, including the calyx, corolla, stamen and pistil, grow.

花梗

連接單朵花的花托和莖部的柄狀構造。

Pedicel

A stalk connecting the receptacle and stem.

雌蕊

植物的雌性生殖器官，將來可發育成果實，通常位於花的中央部位。其基本構造包括基部膨大的子房、長在子房上的細長花柱，及花柱頂端的柱頭。

Pistil

The female reproductive organ of plants, which can further develop into fruit and found in the center of the flower. It consists of an expanded portion at the base called the ovary, a thin, long column projecting from the ovary called the style, and a third portion called the stigma, which is located at the style apex.

雌器

一朵花中所有雌蕊的總稱。

Gynoecium

All of the carpels or pistils of a flower.

柱頭

雌蕊頂端接受花粉的部份，通常表面毛狀，或光滑而在成熟時會分泌黏液。

Stigma

The part of the pistil that receives pollen; usually with a sticky or hairy surface.

花柱

雌蕊中連接柱頭與子房的柱狀構造。

Style

A column part of a pistil that connects the stigma and ovary.

子房

雌蕊基部膨大的部位，是形成果實並孕育種子的構造。

Ovary

The expanded part of a pistil that becomes the fruit and bears seeds.

胚珠

受精後發育為種子的構造。

Ovule

Structure that develops into a seed after fertilization.

雄蕊

為植物之雄性生殖器官，包括花絲及花藥兩部分，花粉則存在花藥中。

Stamen

The male reproductive organ of plants, which includes the filament and anther. Pollen is stored in the anthers.

雄器

一朵花中所有雄蕊的總稱。

Androecium

All of the stamens in a flower.

花藥

著生於花絲頂端，可產生並儲存花粉的膨大構造。

Anther

The part of the stamen that bears and stores pollen, at the apex of the filament.

花絲

雄蕊用來支撐花藥的絲狀構造。

Filament

The filamentous part of the stamen, which supports the anther.

完全花

具有花萼、花冠、雄蕊和雌蕊的花。

Complete flower

A flower with a calyx, corolla, stamen and pistil.

羊蹄甲　豆科
Bauhinia variegata L.

木槿　錦葵科
Hibiscus syriacus L.

阿里山櫻花　薔薇科
Prunus transarisanensis Hayata

不完全花

缺少花萼、花冠、雄蕊或雌蕊中任何一種構造的花。

Incomplete flower

A flower lacking one of the floral whorls (i.e. a calyx, corolla, stamen, or pistil).

雄花（缺少雌蕊）
Male flower (pistil is absent)

雌花（缺少雄蕊）
Female flower (stamen is absent)

圓果秋海棠 秋海棠科
Begonia longifolia Blume

毛玉葉金花 茜草科
Mussaenda pubescens W. T. Aiton

褐毛柳 楊柳科
Salix fulvopubescens Hayata

單性花

花構造中僅有雄蕊或雌蕊，或僅有其中之一發育完全，成為雄花或雌花。

Unisexual flower / Imperfect flower

A flower with either a male or female reproductive organ, but not both, or a flower that does have both, but only one of them becomes fully developed and functional.

玉山柳　楊柳科
Salix taiwanalpina Kimura var. *morrisonicola* (Kimura) K. C. Yang & T. C. Huang

雌花　*Female flower*

雄花　*Male flower*

鬼石櫟　殼斗科
Lithocarpus castanopsisifolius (Hayata) Hayata

長序木通 (台灣木通)　木通科
Akebia longeracemosa Matsum.

兩性花

一朵花中兼具有雄蕊、雌蕊，
且兩者均發育完全。

Bisexual flower /
Perfect flower /
Hermaphroditic flower

A flower with fully developed stamens and
pistils in the same flower.

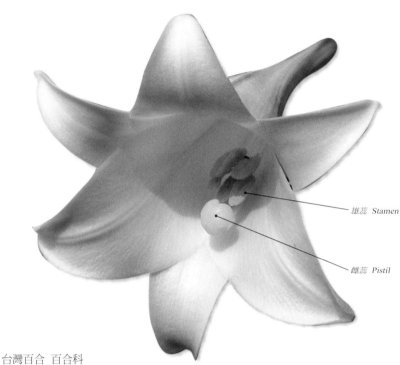

雄蕊 Stamen

雌蕊 Pistil

台灣百合 百合科
Lilium longiflorum Thunb. var. *formosanum* Baker

穗花棋盤腳（水茄苳） 玉蕊科
Barringtonia racemosa (L.) Blume *ex* DC.

小白頭翁 毛茛科
Anemone vitifolia Buch.-Ham. *ex* DC.

雜性花

一株植物上兼具單性花及兩性花者。

Polygamous

With unisexual and bisexual flowers on the same plant.

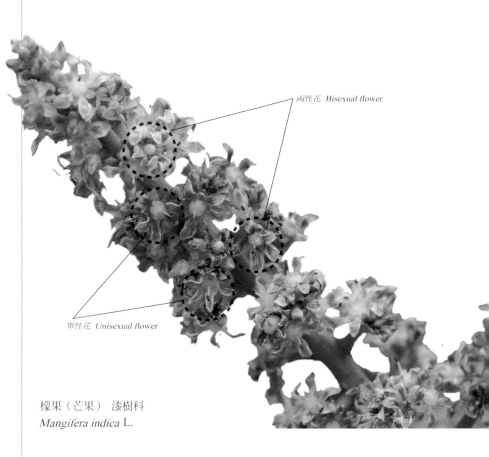

兩性花 Bisexual flower

單性花 Unisexual flower

檬果（芒果） 漆樹科
Mangifera indica L.

台灣前胡 繖形科
Peucedanum formosanum Hayata

三葉山芹菜 繖形科
Sanicula lamelligera Hance

無性花 / 中性花

花構造中雄蕊和雌蕊均發育不全者。

Neutral flower

A flower where both stamens and pistils are under developed and lack function.

無性花　Neutral flower

華八仙　八仙花科
Hydrangea chinensis Maxim.

繡球花（紫陽花）　八仙花科
Hydrangea macrophylla (Thunb.) Ser.

台灣草紫陽花　八仙花科
Cardiandra alternifolia Sieb. Zucc.

雌雄同株

一株植物上，具雄花、雌花兩種單性花同生者。

Monoecious

With staminate and pistillate flowers growing on the same plant.

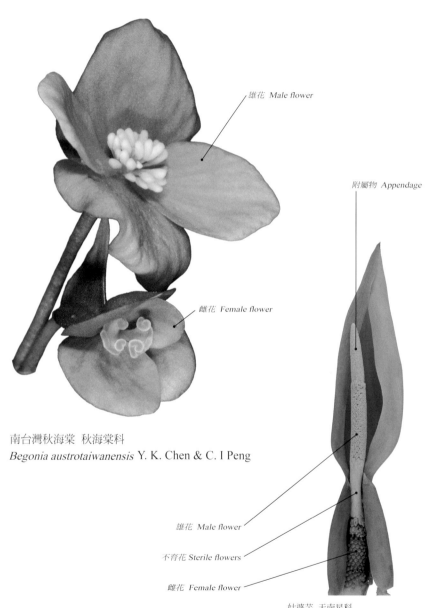

雄花 Male flower

附屬物 Appendage

雌花 Female flower

南台灣秋海棠 秋海棠科
Begonia austrotaiwanensis Y. K. Chen & C. I Peng

雄花 Male flower

不育花 Sterile flowers

雌花 Female flower

姑婆芋 天南星科
Alocasia odora (Lodd.) Spach.

雌雄異株

雄花和雌花兩種單性花分生於
不同株植物上者。

Dioecious

With staminate and pistillate flowers growing
on different plants.

雄株 Male plant

雌株 Female plant

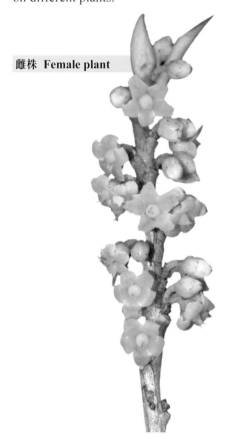

厚葉柃木 五列木科
Eurya glaberrima Hayata

構樹 桑科（雄 Male）
Broussonetia papyrifera (L.) L'Hér. *ex* Vent.

構樹 桑科（雌 Female）
Broussonetia papyrifera (L.) L'Her. *ex* Vent.

輻射對稱花 / 整齊花

一朵花的所有構造都呈輻射狀排列。

Actinomorphic flower / Regular flower

A flower with radial symmetry, i.e. with symmetry of parts divided along any axis.

阿里山龍膽 龍膽科
Gentiana arisanensis Hayata

西番蓮（百香果） 西番蓮科
Passiflora edulis Sims

台灣嗩吶草 虎耳草科
Mitella formosana (Hayata) Masam.

兩側對稱花 / 不整齊花

一朵花只有一條對稱軸，僅從一個方向分割，才會對稱。

Zygomorphic flower / Irregular flower

A flower with bilateral symmetry, i.e. with only one axis of symmetry.

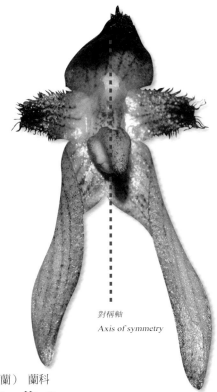

對稱軸
Axis of symmetry

毛藥捲瓣蘭（溪頭捲瓣蘭） 蘭科
Bulbophyllum omerandrum Hayata

台灣烏頭 毛茛科
Aconitum fukutomei Hayata

瓜子金 遠志科
Polygala japonica Houtt.

花被片

萼片及花瓣相似，難以區分（無明顯分化）時，合稱為花被（Perianth），單片稱為花被片。

Tepal / Perianth segment

A term for the distinct portions of a perianth which remains undifferentiated into calyx and corolla

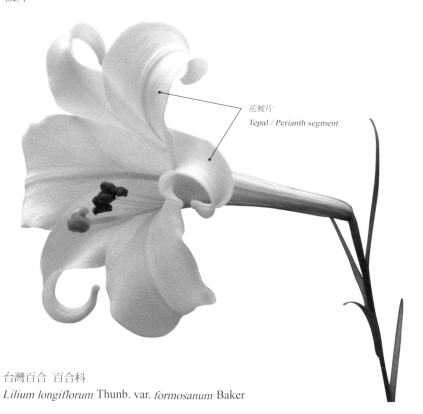

花被片
Tepal / Perianth segment

台灣百合 百合科
Lilium longiflorum Thunb. var. *formosanum* Baker

台灣寶鐸花 天門冬科
Disporum cantoniense (Lour.) Merr. var. *kawakamii* (Hayata) H. Hara

台灣胡麻花 黑藥花科
Heloniopsis umbellata Baker

離瓣花

一朵花的每一片花瓣各自分離。

Polypetalous flower / Choripetalous flower / Dialypetalous flower / Apopetalous flower

A flower with bilateral symmetry, i.e. with only one axis of symmetry.

台灣三角楓　無患子科
Acer albopurpurascens Hayata var. *formosanum* (Hayata *ex* Koidz.) C. Y. Tzeng & S. F. Huang

阿里山卷耳　石竹科
Cerastium arisanensis Hayata

大葉南蛇藤　衛矛科
Celastrus kusanoi Hayata

十字形

花瓣四瓣，排列為十字形，常
見於十字花科植物。

Cruciform / Cruciate / Cross-shaped

With four petals arranged in a cross shape;
commonly seen in Brassicaceae.

十字形
Cruciform / Cruciate / Cross-shaped

焊菜（蔊菜） 十字花科
Cardamine flexuosa With.

山葵 十字花科
Eutrema japonica (Miq.) Koidz.

水丁香 柳葉菜科
Ludwigia octovalvis (Jacq.) P.H. Raven

蝶形

外觀像蝴蝶，由上方的旗瓣、兩側的翼瓣以及下方的龍骨瓣所構成。

Papilionaceous

With a corolla tube that has morphology resembling a butterfly. It is composed of a banner petal at the top, two wing petals on the sides and two fused keel petals on the bottom.

旗瓣

蝶形花冠上方的一枚花瓣。

Banner / Standard / Vexillum

The upper petal of a papilionaceous flower.

龍骨瓣

蝶形花冠位於下方的二枚花瓣。通常部分癒合，狀如龍骨。

Keel

The two lower united petals of a papilionaceous flower, which form a keel shape.

翼瓣

蝶形花冠位於兩側的二枚花瓣。

Wing / Ala

Two lateral petals of a papilionaceous flower.

山珠豆 豆科
Centrosema pubescens Benth.

濱豇豆 豆科
Vigna marina (Burm.) Merr.

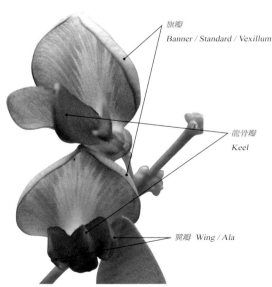

旗瓣
Banner / Standard / Vexillum

龍骨瓣
Keel

翼瓣 *Wing / Ala*

小葉魚藤 豆科
Millettia pulchra (Benth.) Kurz. var. *microphylla* Dunn

合瓣花

一朵花所有的花瓣至少基部癒合。

Sympetalous flower / Synpetalous flower / Gamopetalous flower

A flower in which all petals are connate to various degrees.

合瓣花
Sympetalous flower / Synpetalous flower / Gamopetalous flower

黑斑龍膽 龍膽科
Gentiana scabrida Hayata var. *punctulata* S. S. Ying

白珠樹（冬青油樹） 杜鵑花科
Gaultheria cumingiana Vidal

台灣泡桐 泡桐科
Paulownia × *taiwaniana* T. W. Hu & H. J. Chang

管狀 / 筒狀

花冠的大部分呈管狀或圓筒狀者。

Tubular

With most parts of the corolla forming a tube or cylinder.

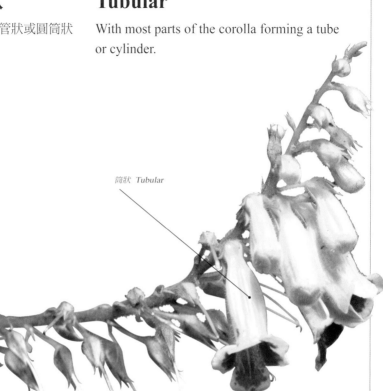

筒狀 Tubular

俄氏草（台閩苣苔） 苦苣苔科
Titanotrichum oldhamii (Hemsl.) Soler.

無刺伏牛花 茜草科
Damnacanthus angustifolius Hayata

蜜蜂花（山薄荷、蜂草） 唇形科
Melissa axillaris Bakh. f.

鐘狀

花冠筒寬闊而稍短，先端擴大，形狀像鐘一般。

Campanulate

With a bell-shaped corolla tube, which is slightly larger in width than length, and expanding at the upper part like a bell.

鐘狀
Campanulate

高山沙參 桔梗科
Adenophora morrisonensis Hayata subsp. *uehatae* (Yamam.) Lammers

台灣杜鵑 杜鵑花科
Rhododendron formosanum Hemsl.

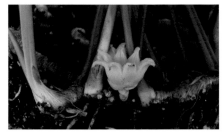

薄葉蜘蛛抱蛋 天門冬科
Aspidistra attenuata Hayata

輪狀

外形像車輪，花冠筒短，花冠裂片向外輻射擴展。

Rotate

With a corolla tube which is very short and an outward-expanding corolla lobe.

花冠筒 Corolla tube

花冠裂片 Corolla lobe

蓬萊珍珠菜　報春花科
Lysimachia remota Petitm.

龍葵　茄科
Solanum nigrum L.

施丁草　報春花科
Stimpsonia chamaedryoides C. Wright *ex* A. Gray

唇形

花冠筒先端深裂為上下二片，
狀似兩唇。

Labiate / Bilabiate

With a corolla tube divided at the apex into the
upper and lower parts (lips).

上唇 Upper lip

下唇 Lower lip

通泉草　蠅毒草科
Mazus pumilus (Burm. f.) Steenis

光風輪（塔花）　唇形科
Clinopodium gracile (Benth.) Kuntze

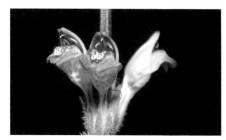

大安水蓑衣　爵床科
Hygrophila pogonocalyx Hayata

漏斗狀

各花瓣彼此相連，花冠筒下部為筒狀，向上逐漸擴大，整體呈漏斗狀。

Funnelform / Funnel-shaped / Infundibuliform

With a funnel-shaped corolla tube in which the petals all connect to each other and the tube gradually widens from the base to the apex.

馬鞍藤　旋花科
Ipomoea pes-caprae (L.) R. Br. subsp. *brasiliensis* (L.) Oostst.

番仔藤（槭葉牽牛）　旋花科
Ipomoea cairica (L.) Sweet

菜欒藤　旋花科
Merremia gemella (Burm. f.) Hallier f.

壺狀

花冠筒中央膨大，先端縊縮而呈壺狀或甕狀。

Urceolate / Urn-shaped

With a corolla tube that has a hollow, expanded center and a constricted opening, like a pot or a pitcher.

壺狀
Urceolate / Urn-shaped

高山白珠樹　杜鵑花科
Gaultheria itoana Hayata

台灣馬醉木　杜鵑花科
Pieris taiwanensis Hayata

高山越橘　杜鵑花科
Vaccinium merrillianum Hayata

高杯狀

花冠筒細長，先端裂片平展為一平面。

Salverform / Salver-shapd

With a slender corolla tube and abruptly spreading lobes.

高杯狀
Salverform / Salver-shapd

台灣念珠藤 夾竹桃科
Alyxia taiwanensis S. Y. Lu & Yuen P. Yang

紅蕘花 瑞香科
Wikstroemia mononectaria Hayata

細梗絡石 夾竹桃科
Trachelospermum asiaticum (Siebold & Zucc.) Nakai

副花冠

有些植物的花，在雄蕊和花瓣間存在的瓣狀或冠狀結構稱之為副花冠。

Crown

Petal-like or crown-like structure that is situated between the stamens and pistils in some flowers.

副花冠 Crown

華他卡藤 夾竹桃科
Dregea volubilis (L. f.) Benth. *ex* Hook. f.

牛皮消 夾竹桃科
Cynanchum atratum Bunge

毬蘭 夾竹桃科
Hoya carnosa (L. f.) R. Br.

距

花被片基部延伸形成的囊狀或
管狀構造，內常有蜜。

Spur / Calcar

A sac-like or tube-like structure which extends
from the base of a tepal and contains nectar.

距 *Spur / Calcar*

小菫菜 菫菜科
Viola inconspicua Blume subsp. *nagasakiensis* (W. Becker) J.C. Wang & T.C. Huang

黃花鳳仙花 鳳仙花科
Impatiens tayemonii Hayata

長距根節蘭 蘭科
Calanthe sylvatica (Thouars) Lindl.

心皮

心皮是構成雌蕊的單位，由葉演化而來，雌蕊可由單心皮、雙心皮、三心皮或多心皮組成。心皮葉緣捲合處稱為腹縫線，此為胚珠和胎座著生處，相對的另一側折線稱為背縫線。

Carpel

An individual unit of pistils, which is evolved from leaves . A pistil may be unicapellate, bicarpellate, tricarpellate or polycarpellate .The seam of the capellary leaf is called the ventral suture on which the ovules and placentas are borne, whereas the midrib of it is called the dorsal suture.

單心皮 Monocarpellate / Monocarpous / Unicarpellate / Unicarpellous / Stylodious

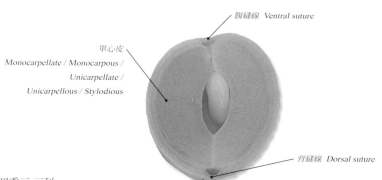

腹縫線 Ventral suture

單心皮
Monocarpellate / Monocarpous /
Unicarpellate /
Unicarpellous / Stylodious

背縫線 Dorsal suture

四季豆 豆科
Phaseolus vulagaris L.

果實橫切面 Transverse section of a fruit.

雙心皮 Bicarpellate / Bicarpellary

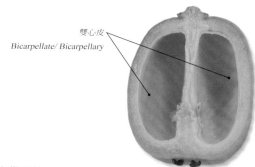

雙心皮
Bicarpellate/ Bicarpellary

水芹菜 繖形科
Oenanthe javanica (Blume) DC.

果實縱切面 Longitudinal section of a fruit.

三心皮 Tricarpellate / Tricarpellary

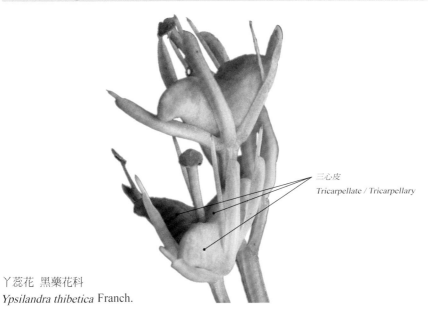

三心皮
Tricarpellate / Tricarpellary

丫蕊花 黑藥花科
Ypsilandra thibetica Franch.

多心皮 Polycarpous

多心皮
Polycarpous

五葉黃連 毛茛科
Coptis quinquefolia Miq.

子房

雌蕊基部膨大的部位，是形成果實並孕育種子的構造。又可分為單室子房、多室子房、離生心皮子房及合生心皮子房等。

Ovary

The expanded basal part of the pistil, which forms the fruit and holds the developing seeds. Ovaries can be divided into monolocular, polylocular, apocarpous and syncarpous categories.

單室子房　Unilocular ovary / Monolocular ovary

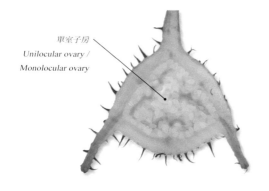

單室子房
Unilocular ovary /
Monolocular ovary

捲毛秋海棠　秋海棠科
Begonia cirrosa L. B. Sm. & Wassh.

三室子房　Trilocular ovary

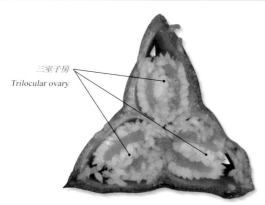

三室子房
Trilocular ovary

岩生秋海棠　秋海棠科
Begonia ravenii C. I Peng & Y. K. Chen

離生心皮子房 Apocarpous ovary

離生心皮子房
Apocarpous ovary

鹿場毛茛 毛茛科
Ranunculus taisanensis Hayata

合生心皮子房 Syncarpous ovary

合生心皮子房 Syncarpous ovary

高山當藥 龍膽科
Swertia tozanensis Hayata

上位花

花萼、花冠、雄蕊均著生於子
房先端者。

Epigynous flower

A flower in which the calyx, corolla and stamen
grows on the top of the ovary.

子房 Ovary

坪林秋海棠　秋海棠科
Begonia pinglinensis C. I Peng

尖瓣花　泡桐科
Sphenoclea zeylanica Gaertn.

台灣一葉蘭　蘭科
Pleione bulbocodioides (Franch.) Rolfe

下位花

花萼、花冠、雄蕊都著生於子房基部或下方。

Hypogynous flower

A sac-like or tube-like structure which extends from the base of a tepal and contains nectar.

子房 *Ovary*

八角蓮 小檗科
Dysosma pleiantha (Hance) Woodson

梅花草 衛矛科
Parnassia palustris L.

玉山金絲桃 金絲桃科
Hypericum nagasawai Hayata

周位花

具有由花萼、花冠、雄蕊群基部癒合而形成的花托筒（hypanthium），且花托筒沒有完全與子房壁癒合至無法分辨的狀態，這樣的花稱之為周位花。

Perigynous flower

A flower in which the calyx, corolla and stamen are fused at the base to form a hypanthium, and this hypanthium is surrounded by but not attached to the wall of the ovary.

子房 *Ovary*

刺莓 薔薇科
Rubus rosifolius Sm.

大花紫薇 千屈菜科
Lagerstroemia speciosa (L.) Pers.

紫薇 千屈菜科
Lagerstroemia indica L.

邊緣胎座

單一心皮的腹縫線上著生胚
珠。

Marginal placentation

A sac-like or tube-like structure which extends
from the base of a tepal and contains nectar.

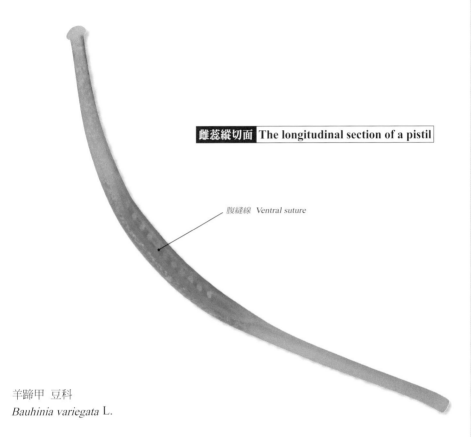

雌蕊縱切面 The longitudinal section of a pistil

腹縫線 *Ventral suture*

羊蹄甲 豆科
Bauhinia variegata L.

蛺蝶花 豆科
Caesalpinia pulcherrima (L.) Sw.

菊花木 豆科
Bauhinia championii (Benth.) Benth.

中軸胎座

多室子房的各心皮合生且向內彎曲形成膈膜，各心皮之腹縫線癒合形成中軸，胚珠著生其上。

Axile placentation

Ovule growth on the central axis in a multi-locular ovary.

子房橫切面 Transverse section of an ovary.

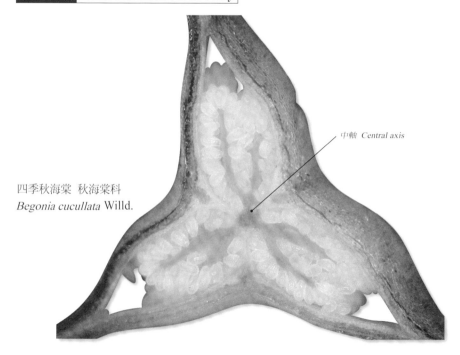

中軸 *Central axis*

四季秋海棠　秋海棠科
Begonia cucullata Willd.

狗骨仔　茜草科
Tricalysia dubia (Lindl.) Ohwi

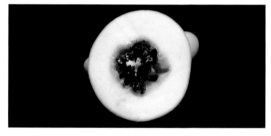

五指茄　茄科
Solanum mammosum L.

側膜胎座

相鄰心皮的腹縫線上著生胎座與胚珠。

Parietal placentation

Ovule growth on the ventral suture of the connective carpels.

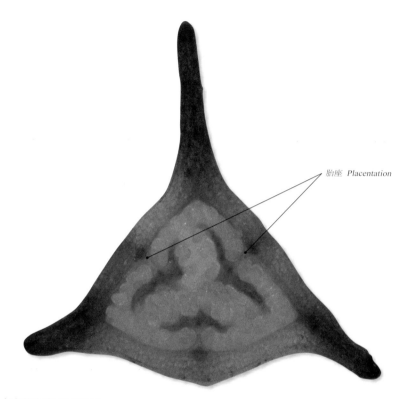

胎座 Placentation

鐵十字秋海棠　秋海棠科
Begonia masoniana Irmsch. *ex* Ziesenh.

胭脂樹　胭脂樹科
Bixa orellana L.

小水玉簪　水玉簪科
Gymnosiphon aphyllus Blume

獨立中央胎座

胚珠著生在單室子房中央直立柱狀構造上。

Free-centeral placentation

Ovule growth on a free-standing column in the center of a unilocular ovary.

子房縱切面 **Longitudinal section of an ovary.**

子房橫切面 **Transverse section of an ovary.**

胎座 Placentation

五彩石竹　石竹科
Dianthus chinensis L.

玉山蠅子草　石竹科
Silene morrisonmontana (Hayata) Ohwi & H. Ohashi

荷蓮豆草　石竹科
Drymaria diandra Blume

基生胎座

單室子房的基部著生胚珠。

Basal placentation

Ovule growth at the base of a unilocular ovary.

花序橫切面 Transverse section of an inflorescence.

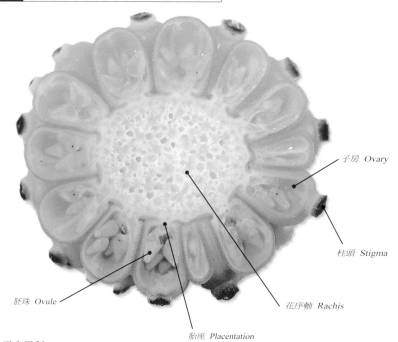

子房 *Ovary*

柱頭 *Stigma*

花序軸 *Rachis*

胚珠 *Ovule*

胎座 *Placentation*

姑婆芋 天南星科
Alocasia odora (Lodd.) Spach.

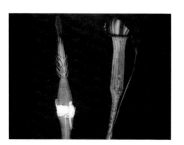

長行天南星 天南星科
Arisaema consanguineum Schott

鱧腸 菊科
Eclipta prostrata (L.) L.

離生雄蕊   Apostemonous

一朵花裡的雄蕊彼此分離。

With separate stamens.

雄蕊 *Apostemonous*

五葉山芹菜　繖形科
Sanicula petagnioides Hayata

毛茛　毛茛科
Ranunculus japonicus Thunb.

穗花八寶（穗花佛甲草）景天科
Sedum subcapitatum Hayata

單體雄蕊

雄蕊的花絲合生為雄蕊筒，包圍繞著雌蕊。

Monadelphous stamens

Filaments of stamens united into a staminal filament tube, which is surrounding the pistil.

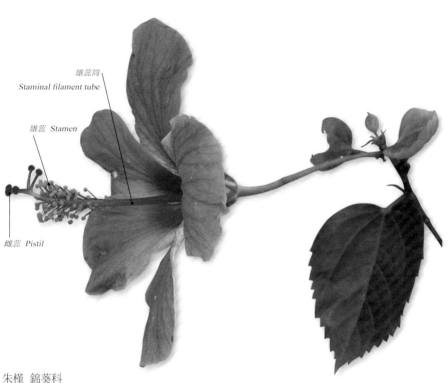

雄蕊筒
Staminal filament tube

雄蕊 *Stamen*

雌蕊 *Pistil*

朱槿 錦葵科
Hibiscus rosa-sinensis L.

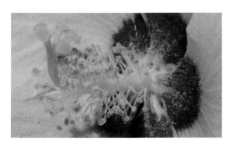

山芙蓉 錦葵科
Hibiscus taiwanensis S. Y. Hu

美人樹 錦葵科
Ceiba speciosa (A. St.-Hil.) Ravenna

二體雄蕊

雄蕊的花絲聯合形成數目不等的兩束雄蕊。

Diadelphous stamens

Stamen filaments united into two groups of unequal number.

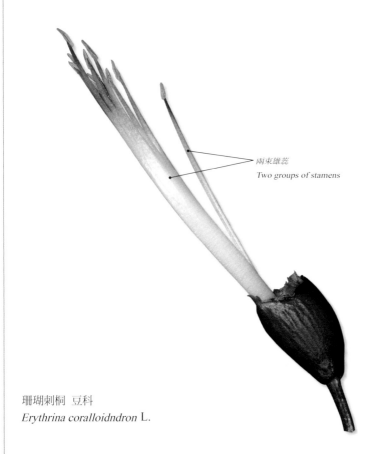

兩束雄蕊
Two groups of stamens

珊瑚刺桐　豆科
Erythrina coralloidndron L.

波葉山螞蝗　豆科
Desmodium sequax Wall.

煉莢豆　豆科
Alysicarpus vaginalis (L.) DC.

多體雄蕊

具多束彼此離生的雄蕊束。

Polyadelphous stamens

Borne in several distinct phalange.

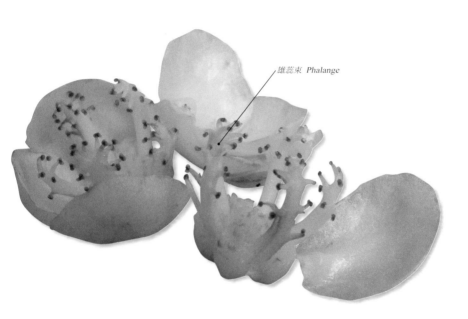

雄蕊束 Phalange

菲島福木　藤黃科
Garcinia subelliptica Merr.

福木　藤黃科
Garcinia multiflora Champ.

馬拉巴栗　錦葵科
Pachira glabra Pasq.

二強雄蕊

雄蕊四枚，兩長兩短。

Didynamous stamens

Having two long and two short stamens.

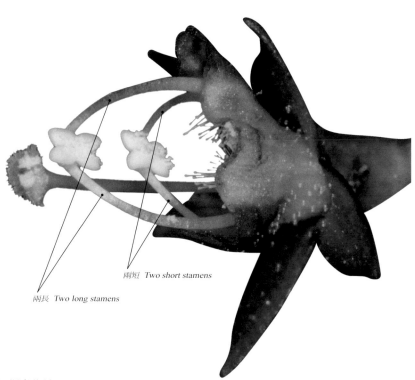

兩短 Two short stamens

兩長 Two long stamens

通泉草　蠅毒草科
Mazus pumilus (Burm. f.) Steenis

紫萼蝴蝶草（長梗花蜈蚣）　母草科
Torenia violacea (Azaola *ex* Blanco) Pennell

哈哼花　爵床科
Staurogyne concinnula (Hance) Kuntze

四強雄蕊

雄蕊六枚，四長兩短。

Tetradynamous stamens

Having four long and two short stamens.

四長 Four long stamens

兩短 Two short stamens

山葵 十字花科
Eutrema japonica (Miq.) Koidz.

濱萊菔 十字花科
Raphanus sativus L. f. raphanistroides Makino

基隆筷子芥 十字花科
Arabis stelleris DC.

聚藥雄蕊

雄蕊的花絲分離，但花藥合生。

Syngenesious stamens

Stamens with free filaments and fused anthers.

花藥合生 *Fused anthers*

刺茄 茄科
Solanum capsicoides All.

中原氏鬼督郵 菊科
Ainsliaea secundiflora Hayata

燈豎杇 菊科
Elephantopus scaber L.

基著藥

花藥的基部著生於花絲頂端。

Basifixed anther

Stamens with the apex of the filament attached to the base of the anther.

基部著生 Basifixed

阿勃勒 豆科
Cassia fistula L.

大頭茶 茶科
Gordonia axillaris (Roxb.) Dietr.

厚皮香 五列木科
Ternstroemia gymnanthera (Wight & Arn.) Sprague

背著藥

花藥的背部著生於花絲頂端。

Dorsifixed anther

Stamens with the apex of the filament attached to the back of the anther.

背著藥 *Dorsifixed anther*

大籽當藥（彎大當藥） 龍膽科
Swertia macrosperma (C. B. Clarke) C. B. Clarke

日本山茶 茶科
Camellia japonica L.

台灣杜鵑 杜鵑花科
Rhododendron formosanum Hemsl.

丁字著藥

花藥的背部以近乎垂直的角度著生在花絲頂端，僅在花絲頂點相連。

Versatile anther

Stamens with the apex of the filament attached to the middle of the anther, and the angle of connection is nearly vertical, allowing the anther to swing or move.

丁字著藥
Versatile anther

豔紅百合（豔紅鹿子百合）百合科
Lilium speciosum Thunb. var. *gloriosoides* Baker

孤挺花（朱頂紅）石蒜科
Hippeastrum hybridum Hort.

蔥蘭 石蒜科
Zephyranthes candida (Lindl.) Herb.

縱裂

花藥沿縱軸方向的縫開裂。

Longitudinal dehiscence

Dehiscence of anthers along their longitudinal axis.

花藥縱裂 *Longitudinal dehiscence*

出雲山秋海棠　秋海棠科
Begonia chuyunshanensis C. I Peng & Y. K. Chen

水竹葉　鴨跖草科
Murdannia keisak (Hassk.) Hand.-Mazz.

綿棗兒　天門冬科
Barnardia japonica (Thunb.) Schult. & J. H. Schult.

橫裂

花藥沿著橫軸的方向開裂。

Transverse dehiscence

Dehiscence of anthers at a right angle to the longitudinal axis of the anther.

橫裂
Transverse dehiscence

水晶蘭 杜鵑花科
Cheilotheca humilis (D. Don) H. Keng

台灣魔芋 天南星科
Amorphophallus henryi N. E. Br.

朱槿 錦葵科
Hibiscus rosa-sinensis L.

孔裂

藥室頂部或近頂部開一小孔，
花粉由此孔狀開裂處散出。

Porous dehiscence /
Poricidal dehiscence

Dehiscence that occurs in anthers with apical
holes through which the pollen disperses.

孔裂
Porous dehiscence /
Poricidal dehiscence

桔梗蘭　刺葉樹科
Dianella ensifolia (L.) DC.

棲蘭山杜鵑　杜鵑花科
Rhododendron chilanshanense Kurashige

著生杜鵑（黃花著生杜鵑）　杜鵑花科
Rhododendron kawakamii Hayata

瓣裂

藥室有一至四個活板狀瓣，當
雄蕊成熟時，瓣才掀開，花粉
由開裂孔散出，常見於樟科植
物。

Valvular dehiscence

Dehiscence in which the anthers have one to
four flap-covered pores. The flat cover will
become dehiscent when the anther matures,
after which the pollen will disperse from the
pore(s). This form of dehiscence is commonly
seen in Lauraceae.

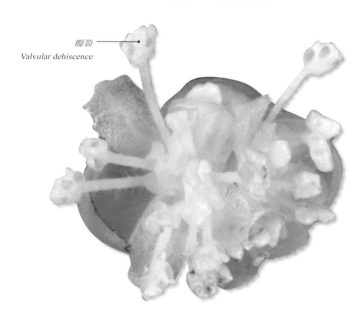

瓣裂
Valvular dehiscence

霧社木薑子 樟科
Litsea elongata (Wall. *ex* Nees) Benth. & Hook. f. var. *mushaensis* (Hayata) J. C. Liao

黃肉樹（小梗木薑子） 樟科
Litsea hypophaea Hayata

山胡椒 樟科
Litsea cubeba (Lour.) Persoon

花粉

顯花植物由花藥內花粉母細胞減數分裂形成的小孢子。

Pollen

A microspore which is produced by the meiosis of the microsporocyte of an anther in phanerogams.

文殊蘭（文珠蘭） 石蒜科
Crinum asiaticum L.

花粉塊

大部分蘭科及某些夾竹桃科植物之花粉粒集結成蠟質的團塊，共同成為傳粉的單位。

Pollinium

A cluster of waxy pollen grains, functioning as a unit of pollination in most species of Orchidaceae and Asclepiadaceae.

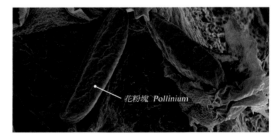

花粉塊 *Pollinium*

蘇鐵 蘇鐵科
Cycas revoluta Thunb.

斑葉毬蘭 夾竹桃科
Hoya carnosa 'Variegata'

蜜源標記 /
蜜源導引

引導傳粉者注意蜜腺位置的線條或斑點，有些在紫外光下才可見或更明顯。

Nectar guides

Lines or spots which direct the pollinater to the nectary. In some cases, they are visible or more distinct under UV light.

玉山龍膽　龍膽科
Gentiana scabrida Hayata

紫花鳳仙花　鳳仙花科
Impatiens uniflora Hayata

玉山杜鵑　杜鵑花科
Rhododendron pseudochrysanthum Hayata

苞片

一朵花或一個花序上的特化葉片，通常著生於花梗基部或花序分枝基部，具有保護花芽的功能。

Bract

A specialized leaf growing from the base of a pedicel or the base of an inflorescence stalk, which serves to protect the flower bud.

鐵莧菜　大戟科
Acalypha australis L.

玉蜂蘭　蘭科
Habenaria ciliolaris F. Kranzl.

小苞片

小的苞片，通常為次生的。

Bracteole

A small bract, which is usually secondary.

島田氏月桃　薑科
Alpinia shimadae Hayata

總苞

多枚苞片聚生，包被於一朵花
或一個花序的基部。

Involucre

An assemblage of bracts subtending to cover
the base of a flower or an inflorescence.

蕺菜（臭腥草、魚腥草）三白草科
Houttuynia cordata Thunb.

總苞片

菊科植物的總苞片特稱為
phyllary。

Phyllary / Involucral bract

The involucral bracts in Asteraceae are called
phyllaries.

副萼

一朵花的花萼之外的一輪苞片，
狀似次生花萼。

Epicalyx

A whorl of bracts which grow out of the calyx, like a
secondary calyx.

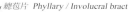

總苞片 *Phyllary / Involucral bract*

法國菊 菊科
Leucanthemum vulgare H. J. Lam.

副萼 *Epicalyx*

山芙蓉 錦葵科
Hibiscus taiwanensis S. Y. Hu

花托筒 / 托杯

花軸的杯狀延伸，通常由花萼、花冠和雄蕊的基部聯合而成，常包圍或包裹雌蕊。

Hypanthium

A cup-shaped extension of the floral axis. It is usually formed by a union of the base of the caylx, corolla and andoroecium, and is usually encasing the pistil.

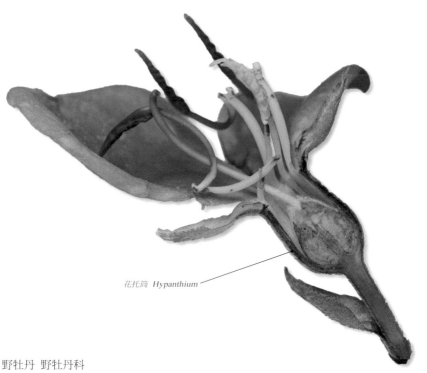

花托筒 Hypanthium

野牡丹　野牡丹科
Melastoma candidum D. Don

李　薔薇科
Prunus salicina Lindl.

台灣石楠　薔薇科
Photinia serratifolia (Desf.) Kalkman

花葶

（無莖植物）從地表抽出的無葉之花梗或花序梗。

Scape

A leafless pedicle or peduncle arising from ground level.

台灣胡麻花 黑藥花科
Heloniopsis umbellata Baker

台灣款冬 菊科
Petasites formosanus Kitam.

山菊 菊科
Farfugium japonicum (L.) Kitam.

小花

密集著生花序中的單一朵花，
例如禾本科小穗中的一朵花，
或菊科頭狀花序中的管狀及舌
狀小花。

Floret

An individual flower within a dense cluster of
flowers, as a flower in a spikelet of Poaceae, or
a ligulate or tubular flower in a capitulum of
Asteraceae.

舌狀花

花冠基部成一短筒，先端偏向一
邊展開成舌狀的花。

Ligulate flower

Florets that have flat, ligulous-like corollets,
spreading out toward the end, with only the base
being tubular.

白茅 禾本科
Imperata cylindrica (L.) P. Beauv. var.
major (Nees) C. E. Hubb. *ex* Hubb. &
Vaughan

小白花鬼針 菊科
Bidens pilosa L. var. *minor* (Blume) Sherff

管狀花 *Tubular flower*

舌狀花 *Ligulate flower*

台灣山菊 菊科
Farfugium japonicum (L.) Kitam. var. *formosanum*
(Hayata) Kitam.

花序

花排列及生長的方式。

Inflorescence

The arrangement of flowers on a rachis.

花序軸

花序梗以上的花序主軸。

Rachis

The main axis of an inflorescence.

花序梗

單生花或整個花序的柄。

Peduncle

The stalk of a solitary flower or an inflorescence.

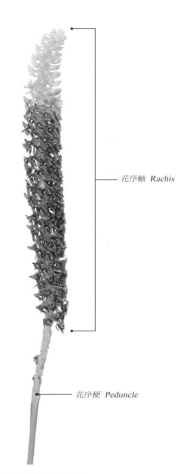

花序軸　*Rachis*

花序梗　*Peduncle*

玉山鹿蹄草　杜鵑花科（總狀花序）
Pyrola morrisonensis (Hayata) Hayata

大葉海桐　海桐科（圓錐花序）
Pittosporum daphniphylloides Hayata

廣葉軟葉蘭　蘭科（總狀花序）
Malaxis latifolia Sm.

無限花序

單軸生長的花序，其頂芽不形
成花朵（常能持續生長延伸）
而由側芽形成花朵，花的開放
順序為由花軸基部向先端或由
外向內（如：總狀、圓錐、穗
狀、柔荑、肉穗、繖房、繖形、
頭狀、隱頭花序等）。

Indeterminate inflorescence

An inflorescence with a single rachis upon
which the lower or outer lateral flowers
bloom first and the terminal end may elongate
indefinitely, periodically giving rise to new
buds, which do not bloom until later terminal
growth of the rachis has occurred.

阿勃勒 豆科
Cassia fistula L.

蓮華池山龍眼 山龍眼科
Helicia rengetiensis Masam.

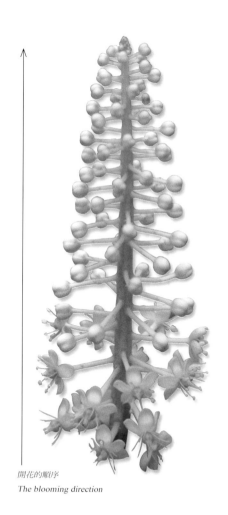

開花的順序
The blooming direction

日本商陸 商陸科
Phytolacca japonica Makino

有限花序

複軸生長的花序，其頂芽形成
一朵頂生花，再由側芽產生側
生花朵或花序分枝，花的開放
順序為由花軸先端向基部或由
內向外（中間的花先開，如：
單頂、聚繖、大戟、蠍尾狀花
序等）。

Determinate inflorescence

A complex inflorescence growth pattern in
which the terminal bud forms a flower first,
followed by flower formation of the lateral
buds or inflorescences branching from the
rachis. The blooming order along the floral axis
is from apex to base or from central to lateral.

開花的順序
The blooming direction

海檬果 夾竹桃科
Cerbera manghas L.

密花苧麻 蕁麻科
Boehmeria densiflora Hook. & Arn.

玉山卷耳 石竹科
Cerastium trigynum Vill. var. *morrisonense* (Hayata) Hayata

總狀花序

花軸上互生多朵有梗的小花，由基部往先端開放，花軸不分枝。

Raceme

An arrangement of pedicellate flowers on an unbranched rachis, which mature from the lower end to the upper end.

開花的順序
The blooming direction

花軸 *Rachis*

花梗 *Pedicle*

珊瑚刺桐 豆科
Erythrina coralloidndron L.

兔尾草 豆科
Uraria crinita (L.) Desv. *ex* DC.

穗花棋盤腳（水茄苳） 玉蕊科
Barringtonia racemosa (L.) Blume *ex* DC.

圓錐花序

總狀花序之花軸有兩次以上之
分枝，整個花序形成一圓錐
形，又稱複總狀花序。

Panicle

A branched, racemose inflorescence
arrangement in which the whole inflorescence
is paniculiform; also known as a compound
raceme.

武威山枇杷　薔薇科
Eriobotrya deflexa (Hemsl.) Nakai f. *buisanensis* (Hayata) Nakai

豬腳楠（紅楠）　樟科
Machilus thunbergii Siebold & Zucc.

高粱泡　薔薇科
Rubus lambertianus Ser. ex DC.

穗狀花序

許多無梗的小花排列於一不分枝的總花軸上，構成花穗。

Spike

An arrangement of many sessile flowers on an unbranched axis, which matures from the lower end to the upper end.

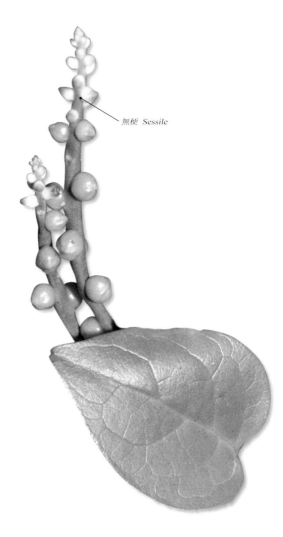

無梗 *Sessile*

長穗木 馬鞭草科
Stachytarpheta urticifolia (Salisb.) Sims

蠍子草 蕁麻科
Girardinia diversifolia (Link) Friis

落葵 落葵科
Basella alba L.

柔荑花序

由許多無花梗的單性花（雄花為主）所構成的穗狀花序，花序總軸柔軟而下垂（或少數直立），雄花序成熟後整個掉落，主要見於風媒花植物。

Catkin / Ament

A complex inflorescence growth pattern in which the terminal bud forms a flower first, followed by flower formation of the lateral buds or inflorescences branching from the rachis. The blooming order along the floral axis is from apex to base or from central to lateral.

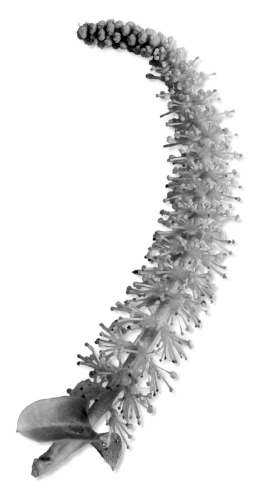

構樹　桑科
Broussonetia papyrifera (L.) L'Her. *ex* Vent.

鬼石櫟　殼斗科
Lithocarpus castanopsisifolius (Hayata) Hayata

水柳　楊柳科
Salix warburgii Seemen

佛焰花序 / 肉穗花序

總軸肥厚的穗狀花序，花序外側有一大型總苞，稱為佛焰苞。

Spadix

A spike inflorescence with a thickened, fleshy rachis and a large leaf-like bract, called a spathe, surrounding it.

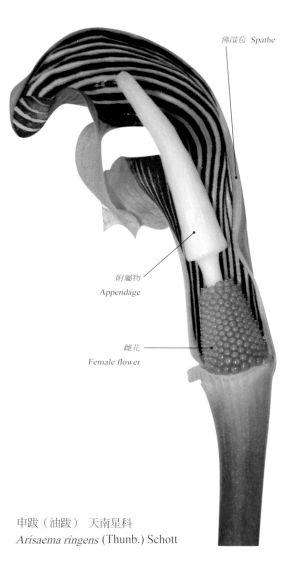

佛焰苞 Spathe

附屬物
Appendage

雌花
Female flower

長行天南星　天南星科
Arisaema consanguineum Schott

毛筆天南星　天南星科
Arisaema grapsospadix Hayata

申跋（油跋）　天南星科
Arisaema ringens (Thunb.) Schott

繖房花序

總狀花序的變形，花軸下部的小花花梗較上部小花的花梗為長，整個花序頂端成一平臺狀。

Corymb

A modified raceme in which the lower pedicels are longer than the upper pedicels so that the total inflorescence appears flat-topped.

馬櫻丹　馬鞭草科
Lantana camara L.

太魯閣石楠　薔薇科
Photinia serratifolia (Desf.) Kalkman var.
daphniphylloides (Hayata) L.T. Lu

台灣繡線菊　薔薇科
Spiraea formosana Hayata

繖形花序

小花有梗，且花梗接近等長，
共同由花序軸頂端生出，形如
張開的傘。

Umbel

An arrangement of pedicellate flowers in which
the pedicels have equal length and arise from
the same point on the rachis apex, like the
struts of an umbrella.

台灣樹參 五加科
Dendropanax dentiger (Harms *ex* Diels) Merr.

阿里山天胡荽 五加科
Hydrocotyle setulosa Hayata

阿里山菝葜 菝葜科
Smilax arisanensis Hayata

複繖形花序

由許多繖形花序聚合成複繖狀。

Compound umbel

An arrangement of several umbels that arise from the same point.

玉山當歸 繖形科
Angelica morrisonicola Hayata

台灣樹參 五加科
Dendropanax dentiger (Harms *ex* Diels) Merr.

芫荽 繖形科
Coriandrum sativum L.

273

頭狀花序

許多無梗或近似無梗的小花，密集著生在一個短縮的總花托上，構成頭狀體者。

Capitulum / Head

A dense cluster of sessile or subsessile flowers arranged on a shortened, flat receptacle.

頭狀花序
Capitulum / Head

向日葵　菊科
Helianthus annuus L.

總花托　*Receptacle*

漏蘆　菊科
Echinops grijsii Hance

風箱樹　茜草科
Cephalanthus naucleoides DC.

隱頭花序

無限花序的一種，花軸頂端的總花托膨大成肉質狀，中央凹陷呈囊狀，小花聚生於囊狀構造的內壁上。

Hypanthodium

A kind of indeterminate inflorescence that has a receptacle that is fleshy and forms a hollow cup-like structure with a small opening at the top. The flowers grow on the inner wall of this cup-like structure.

縱剖面 Longitudinal section

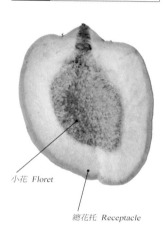

小花 Floret

總花托 Receptacle

隱頭花序 Hypanthodium

薜荔 桑科
Ficus pumila L.

愛玉子 桑科
Ficus pumila L. var.
awkeotsang (Makino) Corner

台灣天仙果（羊奶頭） 桑科
Ficus formosana Maxim.

聚繖花序

為一有限花序，花軸頂端著生
三朵小花，開花時由中央的小
花向外漸次開放。

Cyme

A determinate inflorescence in which the
central flower blooms first, followed by lateral
flowers.

高山鐵線蓮 毛茛科
Clematis tsugetorum Ohwi

巴氏鐵線蓮 毛茛科
Clematis parviloba Gard. *ex* Champ. subsp. *bartlettii*
(Yamam.) T.T.A. Yang T.C. Huang

坪林秋海棠 秋海棠科
Begonia pinglinensis C. I Peng

複聚繖花序

聚繖花序的花軸分枝上再著生小聚繖花序。

Compound cyme

A branched cyme with the central or terminal flowers developing first.

台灣厚距花 野牡丹科
Medinilla taiwaniana Y. P. Yang & H.Y. Liu

流蘇樹 木犀科
Chionanthus retusus Lindl. & Paxt.

串鼻龍 毛茛科
Clematis grata Wall.

大戟花序 / 杯狀聚繖花序

包括一個鐘形肥厚的總苞，其上具蜜腺，內生數朵雄花及一朵雌花，為特殊之聚繖花序形式，又稱杯狀聚繖花序，僅見於大戟科植物。

Cyathium

A special modified form of cyme inflorescence, which has a cup-like involucre with a single pistil, male flowers and nectar glands; commonly seen in Euphorbiaceae.

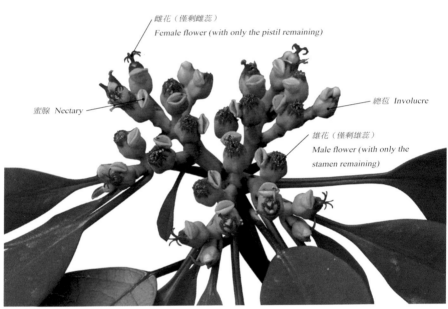

雌花（僅剩雌蕊）
Female flower (with only the pistil remaining)

蜜腺 Nectary

總苞 Involucre

雄花（僅剩雄蕊）
Male flower (with only the stamen remaining)

聖誕紅 大戟科
Euphorbia pulcherrima Willd. *ex* Klotzsch

岩大戟（台灣大戟） 大戟科
Euphorbia jolkinii Boiss.

濱大戟 大戟科
Euphorbia atoto G. Forst.

蠍尾狀花序

聚繖花序的變形，花朵偏生於一側，狀如蠍尾。

Helicoid cyme

A cyme inflorescence that is modified to have secund flowers, as a scorpion tail.

花朵偏生於一側
Flowers grow on one side.

狗尾草　紫草科
Heliotropium indicum L.

台灣附地草　紫草科
Trigonotis formosana Hayata

冷飯藤　紫草科
Tournefortia sarmentosa Lam.

單頂花序 / 單生花　Solitary flower

花軸上只有一朵花單獨生長。　With only one flower growing on the rachis.

南湖柳葉菜　柳葉菜科
Epilobium nankotaizanense Yamam.

台灣喜普鞋蘭（一點紅）　蘭科
Cypripedium formosanum Hayata

琉球野薔薇　薔薇科
Rosa bracteata Wendl.

簇生花序

花朵無梗或有梗，密集成簇生長，通常腋生。

Fascicle

A tightly clustered growth of flowers, with or without pedicels and usually axillary.

丹桂　木犀科
Osmanthus fragrans Lour. cv. Dangui

異葉木犀　木犀科
Osmanthus heterophyllus (G. Don) P. S. Green

枇杷葉灰木　灰木科
Symplocos stellaris Brand

孢子葉球 / 毬花 / 孢子囊穗

著生孢子囊的孢子葉，集生於一根共同的軸上，構成長圓形的球體，稱為孢子葉球。孢子葉球在裸子植物又可稱為毬花，毬果由此發育而成；在蕨類植物的石松類亦有此構造，又可稱為孢子囊穗。

Strobilus

Strobili consist of an axis (shortened stem) with modified leaves (sporophylls) that bear sporangia. Used in pteridophytes and gymnosperms.

孢子囊穗 *Strobilus*

蘭嶼羅漢松 羅漢松科
Podocarpus costalis C. Presl

台東蘇鐵 蘇鐵科
Cycas taitungensis C. F. Shen , K. D. Hill , C. H. Tsou & C. J. Chen

假石松 石松科
Lycopodium pseudoclavatum Ching

幹生花

花直接著生於主莖或樹幹上。

Cauliflorous

With the flower growing directly on the stem or trunk.

十字蒲瓜樹 紫葳科
Crescentia cujete L.

豬母乳（水同木） 桑科
Ficus fistulosa Reinw. *ex* Blume

幹花榕 桑科
Ficus variegata Blume

果實

雌蕊受粉後，其子房發育形成的器官。

Fruit

An organ that develops from the ovary, usually after pollination.

果皮

包圍果實的壁，常可分為三層。

Pericarp

The outer wall of the fruit, usually composed of three different layers.

果實縱切面 | **The longitudinal section of a fruit.**

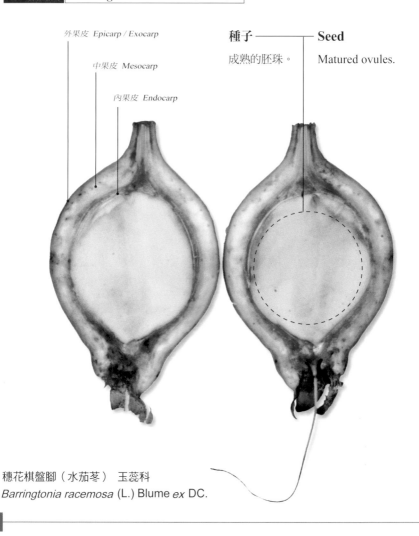

外果皮 *Epicarp / Exocarp*

中果皮 *Mesocarp*

內果皮 *Endocarp*

種子 ——————— **Seed**

成熟的胚珠。 Matured ovules.

穗花棋盤腳（水茄苳） 玉蕊科
Barringtonia racemosa (L.) Blume *ex* DC.

真果

果實是由花朵的子房所發育而成。例如：蕃茄、龍眼、荔枝、芒果等。

True fruit

A fruit that develops from the ovary of a flower, such as a tomato, longan fruit, lychee, or mango.

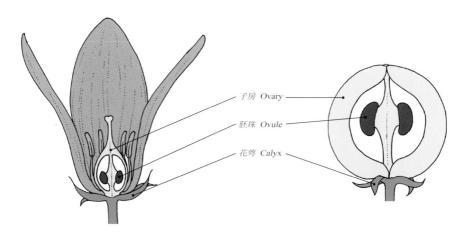

子房 *Ovary*

胚珠 *Ovule*

花萼 *Calyx*

假果

子房和果皮本身外，還有花的其他部分共同發育形成的果實；或由非子房部分發育成肉質的果肉包圍住果實的構造。例如：梨子、蘋果等。

Spurious fruit / False fruit

A fruit that has developed from additional tissue other than the ovary and pericarp, or the succulent pulp that develops from a non-ovary organ to cover the fruit, e.g. as in a pear or apple.

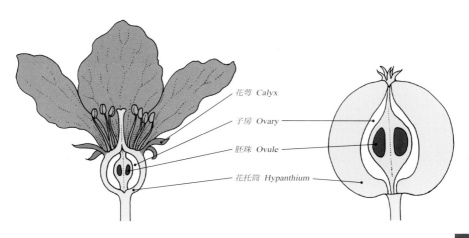

花萼 *Calyx*

子房 *Ovary*

胚珠 *Ovule*

花托筒 *Hypanthium*

單果

由一朵花中的一個子房或一個心皮形成的單個果實，可分為乾果與肉果。

Simple fruit

A fruit that develops from a single ovary or carpel of a flower.

肥豬豆 豆科
Canavalia lineata (Thunb. *ex* Murray) DC.

單果 *Simple fruit*

三斗石櫟 殼斗科
Pasania hancei (Benth.) Schottky var. *ternaticupula* (Hayata) J. C. Liao

棋盤腳樹 玉蕊科
Barringtonia asiatica (L.) Kurz

乾果

成熟後，果皮會乾燥的果實稱為乾果，又可分為裂果（如：蓇果、蓇葖果、莢果等）與閉果（如：瘦果、穎果、胞果、堅果、離果、翅果等）。

Dry fruit

A pericarp may dry out after maturation, in which case it will be called a dry fruit. Dry fruits can be divided into two categories—dehiscent fruits, such as capsules, follicles and legumes; indehiscent fruits, such as achenes, caryopses, utricles, nuts, schizocarp and samaras.

裂果 Dehiscent fruits

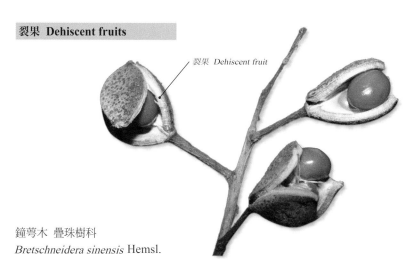

裂果 *Dehiscent fruit*

鐘萼木 疊珠樹科
Bretschneidera sinensis Hemsl.

閉果 Indehiscent fruits

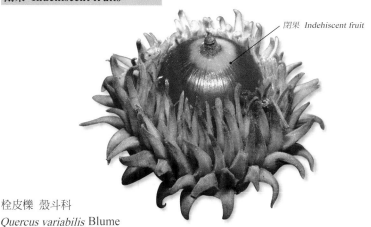

閉果 *Indehiscent fruit*

栓皮櫟 殼斗科
Quercus variabilis Blume

蒴果

由多心皮構成的子房發育而成的乾果，成熟時有多種開裂方式，如背裂、腹裂、孔裂、蓋裂等。

Capsule

A dry fruit that has developed from a polycarpous ovary. There are several methods of dehiscence for capsules, including dorsal dehiscence, ventral dehiscence, poricidal dehiscence and circumscissile dehiscence.

尚未開裂的蒴果
Capsule has not dehisced

蒴果開裂，露出種子
Capsule dehiscent and show the seeds.

施丁草 報春花科
Stimpsonia chamaedryoides C. Wright *ex* A. Gray

台灣嗩吶草 虎耳草科
Mitella formosana (Hayata) Masam.

綿棗兒 天門冬科
Barnardia japonica (Thunb.) Schult. & J. H. Schult.

蓋果 / 蓋裂蒴果

蒴果的一種，成熟後果皮產生橫裂口，果實上端呈蓋狀脫離。

Pyxidium / Pyxis / Circumscissile capsule

A kind of capsule in which the pericarp undergoes transverse dehiscence and the top of the fruit falls off like a lid.

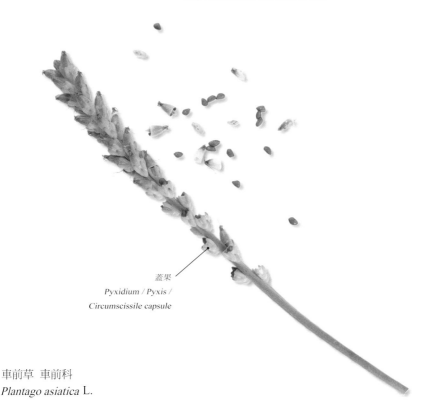

蓋果
Pyxidium / Pyxis / Circumscissile capsule

車前草 車前科
Plantago asiatica L.

毛馬齒莧 馬齒莧科
Portulaca pilosa L.

大車前草 車前科
Plantago major L.

長角果

蒴果的一種，由兩個合生心皮的子房發育而成，果的長度大於寬的兩倍，成熟時果皮乾燥，由基部向上做二瓣開裂。

Silique

A fruit that develops from two syncarpous ovaries with a length that is usually more than twice as long as the width. When it matures, the pericarp will dry and dehisce into two valves, starting from the base and moving upward.

葶藶 十字花科
Rorippa indica (L.) Hiern

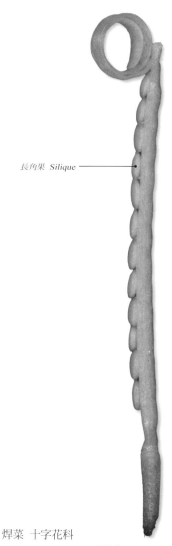

長角果 *Silique*

濱萊菔 十字花科
Raphanus sativus L. f. raphanistroides Makino

焊菜 十字花科
Cardamine flexuosa With.

短角果

蒴果的一種，由兩個合生心皮
的子房發育而來，果的寬度大
於或等於果的長度，開裂方式
和長角果大致相同。

Silicle

A fruit that develops from two syncarpous
ovaries with a width that is larger than or equal
to its length. The mode of dehiscence is like
that of siliques.

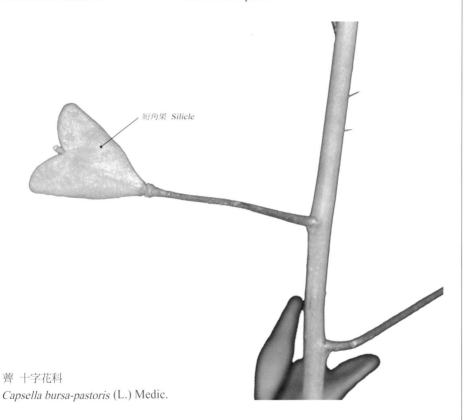

短角果 Silicle

薺 十字花科
Capsella bursa-pastoris (L.) Medic.

台灣假山葵 十字花科
Yinshania rivulorum (Dunn) Al-Shehbaz, G. Yang, L. L.
Lu & T. Y. Cheo

獨行菜 十字花科
Lepidium virginicum L.

蓇葖果

由離生心皮的單個心皮發育而成，成熟時只沿腹縫線或背縫線的一側開裂，可含一或多粒種子。

Follicle

A fruit that has developed from an apocarp and after maturation, will only dehisce along either the dorsal or the ventral suture, not both, and may contain one or multiple seeds.

蓇葖果 Follicle

白花八角 五味子科
Illicium philippinense Merr.

昆欄樹（雲葉） 昆欄樹科
Trochodendron aralioides Siebold & Zucc.

華他卡藤 夾竹桃科
Dregea volubilis (L. f.) Benth. *ex* Hook. f.

莢果

由單一心皮的子房發育而成，
成熟時同時沿著腹縫線和背縫
線開裂。

Legume

A fruit that has developed from a unicarpellate
ovary and dehisces along both dorsal and
ventral sutures.

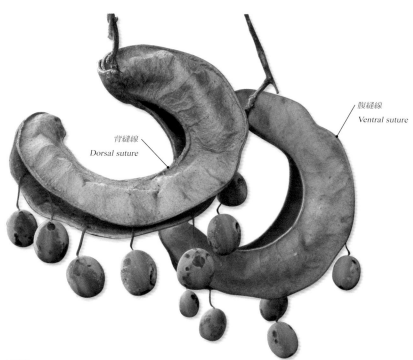

腹縫線
Ventral suture

背縫線
Dorsal suture

頷垂豆 豆科
Archidendron lucidum (Benth.) I. C. Nielsen

血藤 豆科
Mucuna macrocarpa Wall.

雞母珠 豆科
Abrus precatorius L.

翅果

閉果的一種，果皮部份延伸成翅狀物，可藉助風力傳播。

Samara

An indehiscent fruit with an expanded pericarp that is wing-like in structure, and can be dispersed by wind.

翅狀果皮
Wing-like pericarp

猿尾藤　黃褥花科
Hiptage benghalensis (L.) Kurz.

阿里山櫸榆　榆科
Ulmus uyematsui Hayata

青楓　無患子科
Acer serrulatum Hayata

堅果

果皮堅硬的閉果，內含一枚種子的乾果。

Nut

An indehiscent, dry fruit with a hard pericarp and only one seed.

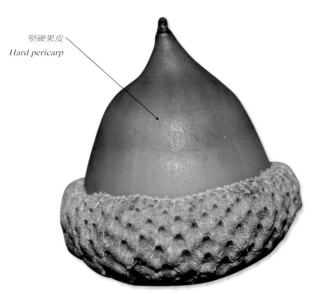

堅硬果皮
Hard pericarp

太魯閣櫟 殼斗科
Quercus tarokoensis Hayata

小堅果 ——— **Nutlet**

小型的堅果。

A little nut.

山龍眼 山龍眼科
Helicia formosana Hemsl.

黃杞 胡桃科
Engelhardtia roxburghiana Wall.

穎果

具一枚種子的閉果，成熟時果皮與種皮癒合，無法分離。

Caryopsis/ Cariopsis/ Grain

An indehiscent fruit with one seed and a pericarp that, at maturity, will fuse with the seed coat and become inseparable.

穎果
Caryopsis / Cariopsis /
Grain

包籜箭竹　禾本科
Arundinaria usawae Hayata

台灣雀麥 禾本科
Bromus formosanus Honda

小麥 禾本科
Triticum aestivum L.

胞果 / 囊果

含一枚種子，果皮薄而呈囊狀，疏鬆地包覆種子，與種子容易分離，成熟時果皮不開裂。

Utricle

An indehiscent fruit with one seed and a thin, sac-like pericarp that loosely covers the seed and is easily separable.

胞果　Utricle

小海米 莎草科
Carex pumila Thunb.

中國宿柱薹 莎草科
Carex sociata Boott

落葵 落葵科
Basella alba L.

離果

由含有二或多個心皮發育而成的果實，成熟時乾燥，並分裂為各含一枚種子的小果（分果）。

Schizocarp

A dry fruit that develops from a bi- or polycarpous compound ovary and splits into separate single-seeded segments mericarps when it matures.

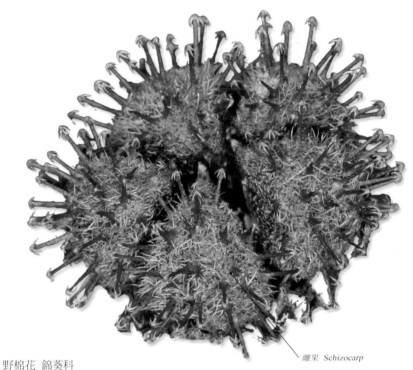

離果 *Schizocarp*

野棉花 錦葵科
Urena lobata L.

玉山當歸 繖形科
Angelica morrisonicola Hayata

日本前胡 繖形科
Peucedanum japonicum Thunb.

瘦果

單室、單種子的閉果，通常果皮緊包種子而不易分離，但與種皮不癒合。

Achene / Akene

An indehiscent fruit with a unilocular ovary and a single seed and in which the pericarp usually tightly surrounds the seed so that it is difficult to separate them, although the seed is not fused to the seed coat.

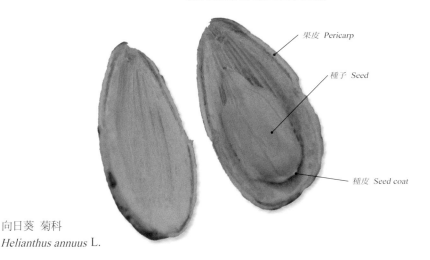

果皮 Pericarp

種子 Seed

種皮 Seed coat

向日葵 菊科
Helianthus annuus L.

三腳剪（慈姑） 澤瀉科
Sagittaria trifolia L.

冠毛

菊科植物變態為羽毛狀、剛毛、芒刺或鱗片等的花萼，著生於瘦果先端。

Pappus

A modified calyx in Asteraceae, which turns into feathers, bristles, awns or scales at the apex of the achene.

昭和草 菊科
Crassocephalum crepidioides (Benth.) S. Moore

肉果

成熟時肥厚多汁的果實，可大致分為漿果與核果。

Fleshy fruit / Succulent fruit

A juicy fruit that develops from the pericarp or other part at maturity.

肉果
Fleshy fruit / Succulent fruit

山梨獼猴桃 獼猴桃科
Actinidia rufa (Siebold & Zucc.)
Planch. *ex* Miquel

梨 薔薇科
Pyrus serotina Rehder

雙花龍葵 茄科
Lycianthes biflora (Lour.) Bitter

漿果

由合生心皮的子房發育而來，
外果皮薄，中果皮和內果皮肉
質肥厚而多汁，含多粒種子。

Berry

A fleshy fruit that develops from syncarpous
ovaries, has a thin epicarp, a thick, succulent
mesocarp and endocarp and many seeds.

漿果 Berry

光果龍葵 茄科
Solanum americanum Miller

台灣茶藨子 茶藨子科
Ribes formosanum Hayata

印度茄 茄科
Solanum violaceum Ortega

柑果

漿果的一種，外皮軟而厚，由外果皮與中果皮合生形成果壁，內果皮呈瓣狀而多汁，內側表皮向內突出形成汁囊。

Hesperidium

A kind of fleshy fruit with a soft and thick rind and an epicarp and mesocarp that are fused to the fruit wall. The juicy endocarp splits into valve-like vesicles that are filled with juice.

內果皮 Endocarp

果壁 Fruit wall

汁囊 Vesicle

美人柑 芸香科
Citrus × tangelo J. W. Ingram & H. E. Moore 'Minneola'

柚子 芸香科
Citrus maxima (Burm.) Merr.

圓果金柑 芸香科
Fortunella japonica Swingle

瓜果 / 瓠果

漿果的一種，由具有多數心皮的複合子房發育而來，花托筒與外果皮合生成瓜皮，內含多數種子。

Pepo

A fruit that develops from a compound polycarpous ovary, has the hypanthium and epicarp fused to the rind and contains many seeds inside.

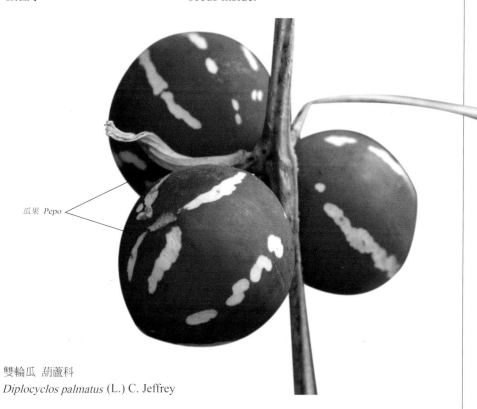

瓜果 Pepo

雙輪瓜　葫蘆科
Diplocyclos palmatus (L.) C. Jeffrey

裸瓣瓜　葫蘆科
Gymnopetalum chinense (Lour.) Merr.

苦瓜　葫蘆科
Momordica charantia L.

核果

具有一個或數個硬核的肉質果，內果皮由石細胞構成堅硬組織，保護種子，中果皮發育成肉質，外果皮較薄。

Drupe

A fleshy fruit with one or more hardened cores (called stones or pits), a fleshy mesocarp and thin epicarp. The endocarp is composed of hardened cells in order to protect the seed.

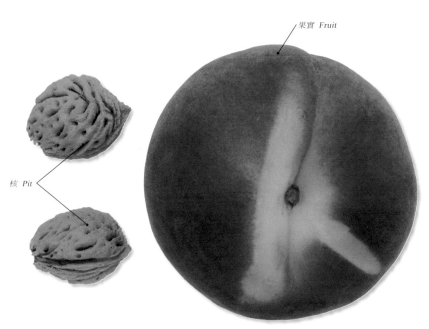

果實 Fruit

核 Pit

水蜜桃 薔薇科
Prunus persica (L.) Batsch

茄冬 葉下珠科
Bischofia javanica Blume

山柚 山柚科
Champereia manillana (Blume) Merr.

仁果 / 梨果

核果的一種，由合生心皮的子房與花萼、花托筒癒合而共同發育成的假果。

Pome

A spurious fruit with syncarpous ovary, calyx and receptacle developing together.

假果 *Spurious fruit*

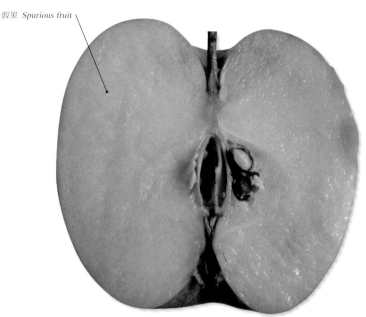

蘋果 薔薇科
Malus domestica Borkh.

山枇杷 薔薇科
Eriobotrya deflexa (Hemsl.) Nakai

小葉石楠 薔薇科
Pourthiaea villosa (Thunb.) Decne. var. *parvifolia* (Pritz.) Iketani & H. Ohashi

聚合果 / 集生果

由同一朵花中的離生心皮所發育而成的小果，聚生在同一個花托上所構成的集合體果實。

Aggregate fruit

A fruit with a large number of fruitlets that develop from apocarpous ovaries of a single flower, growing together on a common receptacle.

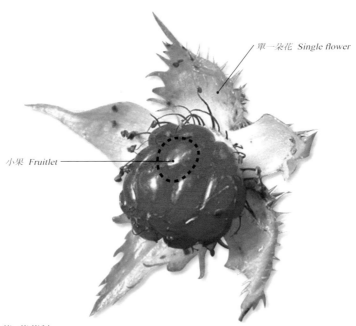

單一朵花 *Single flower*

小果 *Fruitlet*

刺萼寒莓 薔薇科
Rubus pectinellus Maxim.

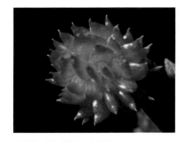

水辣菜（禺毛茛） 毛茛科
Ranunculus cantoniensis DC.

南五味子 五味子科
Kadsura japonica (L.) Dunal

聚花果 / 多花果

由整個花序所發育形成的果實，常見於頭狀花序或柔荑花序。

Multiple fruit

A fruit that has developed from the whole inflorescence. Multiple fruits are commonly found in capitulums and catkins.

聚花果（整個花序）
Multiple fruit (whole inflorescence)

桑椹 桑科
Morus alba L.

風箱樹 茜草科
Cephalanthus naucleoides DC.

麵包樹 桑科
Artocarpus communis J. R. Forst. & G. Forst.

隱花果 / 隱頭果

聚花果的一種，為隱頭花序發育形成的果實，常見於桑科榕屬植物。

Syconium / Fig

A fruit that develops from the hypanthodium. Syconia are commonly seen in Ficus (Moraceae).

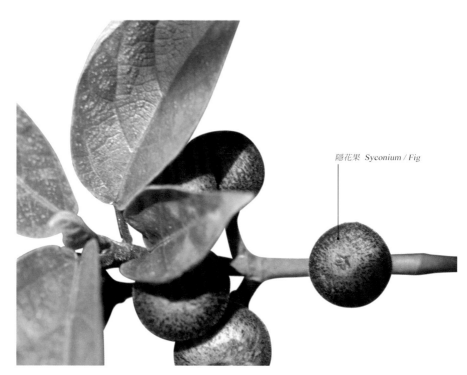

隱花果 *Syconium / Fig*

牛奶榕 桑科
Ficus erecta Thunb. var. *beecheyana* (Hook. & Arn.) King

蘭嶼落葉葉榕 桑科
Ficus ruficaulis Merr. var. *antaoensis* (Hayata) Hatus. & J. C. Liao

大冇榕（稜果榕） 桑科
Ficus septica Burm. f.

毬果

裸子植物的雌毬花所發育成的
果實。

Cone / Strobilus

A cone that develops in ovulate strobili of
gymnosperms.

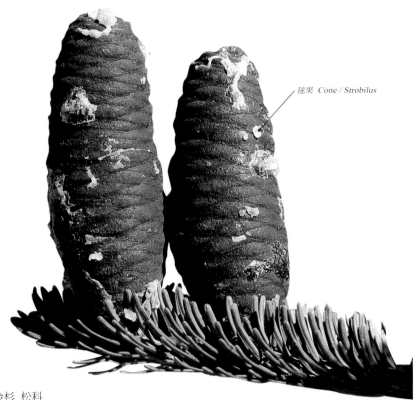

毬果 *Cone / Strobilus*

台灣冷杉 松科
Abies kawakamii (Hayata) T. Itô

日本柳杉 柏科
Cryptomeria japonica (L. f.) D. Don

刺柏 柏科
Juniperus formosana Hayata

殼斗

杯狀總苞，在果實成熟時將果實部分或全部包被，常見於殼斗科植物。

Cupule

A cup-shaped involucre which partially or fully covers the fruit when it matures. It is commonly seen in Fagaceae.

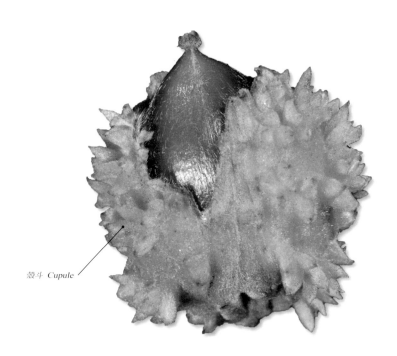

殼斗 Cupule

長尾栲（長尾柯、卡氏櫧）　殼斗科
Castanopsis carlesii (Hesml.) Hayata

烏來柯　殼斗科
Castanopsis uraiana (Hayata) Kaneh.

狹葉櫟　殼斗科
Quercus salicina Blume

果托 / 種托

花托在果實發育後成為果托，
在裸子植物則稱為種托。

Receptacle

The receptacle becoming the fruit receptacle
after the fruit developing, and it is called seed
receptacle in gymosperm.

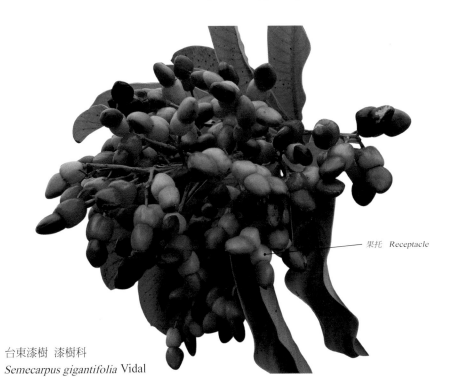

果托　Receptacle

台東漆樹　漆樹科
Semecarpus gigantifolia Vidal

種托　Receptacle

桃實百日青　羅漢松科
Podocarpus nakaii Hayata

蘭嶼羅漢松　羅漢松科
Podocarpus costalis C. Presl

雙子葉

種子的胚具有兩片子葉。

Dicotyledon

A seed that contains two cotyledons in its embryo.

胚芽

種子植物胚的部分之一，包括胚芽生長點和葉原體。雙子葉植物中胚芽位於下胚軸的頂端，兩片子葉的中間。

Plumule

The part of a plant embryo that includes the embryonic shoot and leaf primordia. The plumule of a dicotyledon plant is located between the two cotyledons and the apex of the hypocotyl.

下胚軸

子葉著生處以下的胚軸。

Hypocotyl

The portion of the main axis below the junction of the cotyledons.

胚根

種子植物胚的組成部分之一，包括根冠和胚根生長點，為種子萌發時最先伸出種皮的部分，將來發育為植物主根。

Radicle

The part of the plant embryo composed of a root cap and root apical meristem. The radicle is the first part that arises from the germinating seed, after which it develops into the root.

子葉

位於胚芽兩側的瓣狀肥厚儲藏構造，含大量養分，提供種子萌發所需，萌芽後會伸展成為初生葉。

Cotyledon

A valved storage structure next to the plumule, which stores large amounts of nutrients. Cotyledons provide the necessary nutrients for seed germination and also become the first leaves.

內部構造 The internal structure of a dicotyledonous seed (bean)

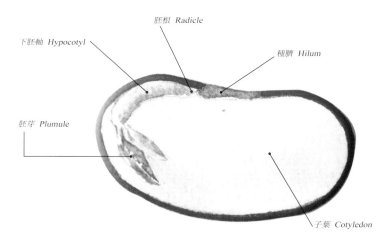

胚根 Radicle

下胚軸 Hypocotyl

種臍 Hilum

胚芽 Plumule

子葉 Cotyledon

外形構造 The external morphology of a dicotyledonous seed (bean)

種臍 Hilum

花豆 豆科
Phaseolus coccineus L. var. *albonanus*
Bailey

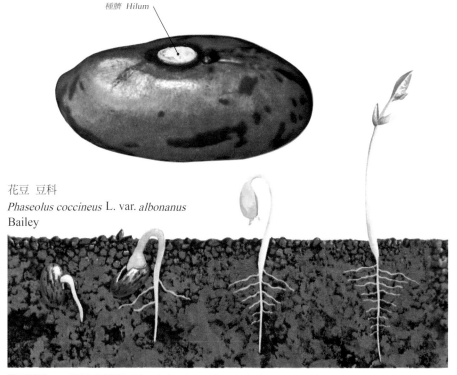

雙子葉植物——花豆的發芽過程 Dicotyledon plant—The germination process of beans

單子葉

種子的胚僅具有一片子葉。

Monocotyledon

A seed that contains only one cotyledon in its embryo.

種皮

種子的保護結構，由珠被發育而成，包覆胚。

Seed coatt / Testa

A protective layer that covers a seed and develops from the integuments.

胚乳

供應胚營養的組織。

Endosperm

The tissue that serves as a nutrition supply for the embryo in angiosperms.

盾片 / 胚盤（即子葉 Cotyledon）

位於胚與胚乳之間的構造。

Scutellum

A shield-like structure located between the embryo and endosperm.

芽鞘

單子葉植物中保護胚芽的鞘，由植物的第一片葉子發育而來。

Coleoptile

A sheath that protects the plumule and develops from the first leaf of a monocotyledon plant.

胚芽

種子植物胚的部分之一，包括胚芽生長點和葉原體。單子葉植物的胚芽則位於胚的一側。

Plumule

The part of a plant embryo that includes the embryonic shoot and leaf primordia. The plumule of a monocotyledonous plant grows on one side of the embryo.

根鞘

單子葉植物中保護胚根的外鞘（發芽後根會穿透這個外鞘）。

Coleorhiza

A sheath that protects the radicle in monocotyledonous plants (the radicle penetrates the sheath after seed germination).

內部構造 The internal structure of a dicotyledonous seed (bean)

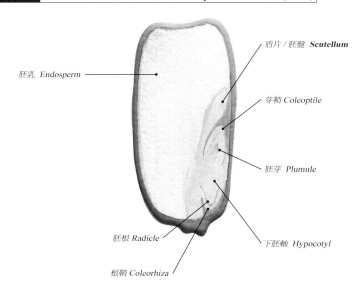

盾片 / 胚盤 *Scutellum*

胚乳 *Endosperm*

芽鞘 *Coleoptile*

胚芽 *Plumule*

胚根 *Radicle*

下胚軸 *Hypocotyl*

根鞘 *Coleorhiza*

外形構造 The external morphology of a dicotyledonous seed (bean)

種皮 *Seed coatt / Testa*

玉蜀黍（玉米） 禾本科
Zea mays L.

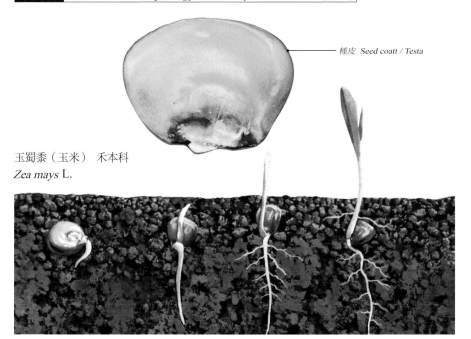

單子葉植物——玉米的發芽過程 Monocotyledonous plant—The germination process of corn

種臍

種子成熟後脫離珠柄或胎座，
其著生點的疤痕。

Hilum

A scar left at a prior point of attachment on the
placenta.

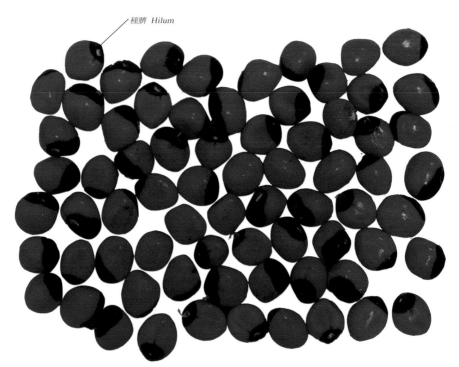

種臍 *Hilum*

雞母珠　豆科
Abrus precatorius L.

紅豆　豆科
Vigna angularis (Willd) Ohwi et Ohashi

荔枝　無患子科
Litchi chinensis Sonn.

假種皮

部分或完全包覆種子的附屬物，或為增厚的肉質種皮。

Aril

An appendage which partially or fully covers the seed, especially one that forms a thick, fleshy seed coat, such as in Taxus.

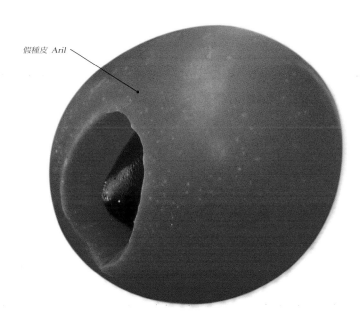

假種皮 Aril

南洋紅豆杉　紅豆杉科
Taxus sumatrana (Miq.) de Laub.

荔枝　無患子科
Litchi chinensis Sonn.

西番蓮 (百香果)　西番蓮科
Passiflora edulis Sims

種髮
種子先端之毛狀附屬物。

Coma
A tuft of hair-like appendages attached to the tips of seeds.

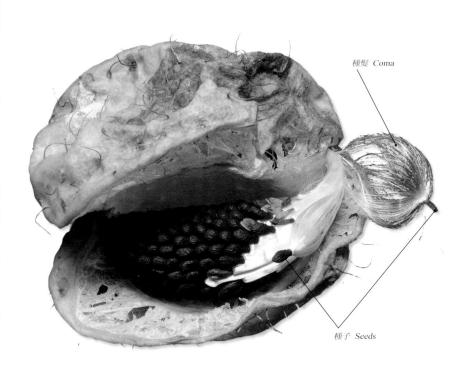

種髮 Coma

種子 Seeds

唐棉（釘頭果） 夾竹桃科
Gomphocarpus fruticosus R. Br.

馬利筋（尖尾鳳） 夾竹桃科
Asclepias curassavica L.

爬森藤 夾竹桃科
Parsonsia laevigata (Moon) Alston

具翅種子

具有扁平之翅狀附屬物的種子。

Pterospermous / Winged seed

A seed with a flat winged appendage.

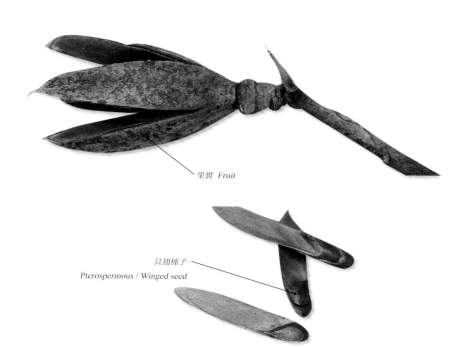

果實 *Fruit*

具翅種子
Pterospermous / Winged seed

大頭茶 茶科
Gordonia axillaris (Roxb.) Dietr.

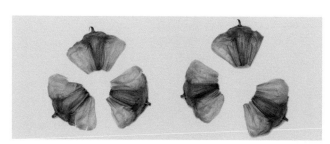

裡白葉薯榔 薯蕷科
Dioscorea cirrhosa Lour.

肯氏南洋杉 南洋杉科
Araucaria cunninghamii Sweet

名詞中文索引

一畫

一年生·····56
一回羽狀複葉·····186

二畫

丁字著藥·····251
二回羽狀裂·····176
二回羽狀複葉·····187
二強雄蕊·····246
二裂·····170
二體雄蕊·····244
入侵植物·····38
十字形·····218
十字對生·····191, 194

三畫

三心皮·····231
三出脈·····119
三出複葉·····181
三回羽狀裂·····177
三角形·····141
三室子房·····232
三裂·····171
上位花·····234
上唇·····224
下位花·····235
下胚軸·····312, 313
下唇·····224
大戟花序·····278
大頭羽裂·····145
子房·····203, 205
子房·····232
子葉·····312, 313, 314
小果·····306
小花·····262, 275
小苞片·····258
小型葉·····15
小堅果·····295
小葉·····179
小葉柄·····179

四畫

不完全花·····207
不育花·····212
不定芽·····60
不定根·····73
不整齊花·····215
中果皮·····284
中性花·····211
中柱·····69

中軸胎座·····238
互生·····190, 192
仁果·····305
內果皮·····284
孔裂·····254
引進植物·····36
心皮·····230
心形·····136
支持根·····80
支根·····70
木本植物·····24
木質·····92
木質化·····26
木質草本·····26
木質部·····84, 85, 86
木質藤本·····30
毛緣·····168
水生植物·····40

五畫

主根·····70
主脈·····112, 113
主莖·····82
凹缺·····157
四強雄蕊·····247
外果皮·····284
外來植物·····36
平行脈·····123
平臥莖·····107
汁囊·····302
瓜果·····303
皮孔·····89
皮目·····89
皮刺·····90
皮層·····68, 69, 84, 85

六畫

先驅植物·····53
全裂·····173
全緣·····158
共生植物·····46
合生心皮子房·····233
合瓣花·····220
同化根·····79
地下莖·····100
多心皮·····231
多年生·····57
多回羽狀複葉·····188
多花果·····307
多裂·····172
多體雄蕊·····245
年輪·····103

托杯⋯⋯⋯⋯⋯260
托葉⋯⋯⋯⋯⋯201
有限花序⋯⋯⋯265
有毒植物⋯⋯⋯52
羽狀平行脈⋯⋯124
羽狀裂⋯⋯⋯⋯175
羽狀網脈⋯⋯⋯121
羽狀複葉⋯⋯⋯183
耳狀抱莖⋯⋯⋯153
肉果⋯⋯⋯⋯⋯300
肉質莖⋯⋯⋯⋯94
肉質軸根⋯⋯⋯72
肉穗花序⋯⋯⋯270
舌狀花⋯⋯⋯⋯262

七畫

佛焰花序⋯⋯⋯270
佛焰苞⋯⋯⋯⋯270
卵形⋯⋯⋯⋯⋯134
吸芽⋯⋯⋯⋯⋯63
吸盤⋯⋯⋯⋯⋯110
完全花⋯⋯⋯⋯206
尾狀⋯⋯⋯⋯⋯155
形成層⋯⋯84, 85, 86
沉水植物⋯⋯⋯42
沙丘植物⋯⋯⋯50
芒尖⋯⋯⋯⋯⋯154
角蘚類⋯⋯⋯⋯12
走莖⋯⋯⋯⋯⋯109

八畫

兩性花⋯⋯⋯⋯209
兩側對稱花⋯⋯215
具小短尖的⋯⋯155
具翅種子⋯⋯⋯319
具短尖的⋯⋯⋯155
周位花⋯⋯⋯⋯236
呼吸根⋯⋯⋯⋯81
固著浮葉植物⋯43
奇數羽狀複葉⋯184
孢子⋯⋯⋯⋯⋯19
孢子葉⋯⋯⋯116, 117
孢子葉球⋯⋯⋯282
孢子囊⋯⋯⋯⋯19
孢子囊群⋯⋯⋯16
孢子囊穗⋯⋯⋯282
孢子體⋯⋯⋯⋯13
孢膜⋯⋯⋯⋯⋯17
披針形⋯⋯⋯⋯128
抱莖⋯⋯⋯⋯⋯152
杯狀聚繖花序⋯278
板根⋯⋯⋯⋯⋯77

果皮⋯⋯⋯⋯⋯284
果托⋯⋯⋯⋯⋯311
果實⋯⋯⋯⋯⋯284
果壁⋯⋯⋯⋯⋯302
枝⋯⋯⋯⋯⋯⋯82
波狀⋯⋯⋯⋯⋯164
直出平行脈⋯⋯125
直立莖⋯⋯⋯⋯104
花⋯⋯⋯⋯⋯⋯202
花外蜜腺⋯⋯⋯65
花托⋯⋯⋯203, 204
花托筒⋯⋯⋯⋯260
花序⋯⋯⋯⋯⋯263
花序梗⋯⋯⋯⋯263
花序軸⋯⋯⋯⋯263
花冠⋯⋯⋯⋯⋯204
花柱⋯⋯⋯203, 205
花冠筒⋯⋯⋯⋯223
花冠裂片⋯⋯⋯223
花粉⋯⋯⋯⋯⋯256
花粉塊⋯⋯⋯⋯256
花梗⋯⋯⋯203, 204
花被片⋯⋯⋯⋯216
花絲⋯⋯⋯203, 205
花萼⋯⋯⋯203, 204
花葶⋯⋯⋯⋯⋯261
花瓣⋯⋯⋯⋯⋯202
花藥⋯⋯⋯203, 205
芽⋯⋯⋯⋯⋯⋯59
芽鞘⋯⋯⋯314, 315
表皮⋯⋯⋯⋯84, 85
長角果⋯⋯⋯⋯290
長橢圓形⋯⋯⋯132
附生植物⋯⋯⋯47
非入侵植物⋯⋯37

九畫

俗名⋯⋯⋯⋯⋯67
冠毛⋯⋯⋯⋯⋯299
匍匐莖⋯⋯⋯⋯108
柑果⋯⋯⋯⋯⋯302
柔荑花序⋯⋯⋯269
柱頭⋯⋯⋯203, 205
歪基⋯⋯⋯⋯⋯157
活化石⋯⋯⋯⋯39
盾片⋯⋯⋯314, 315
盾形⋯⋯⋯⋯⋯138
耐鹽植物⋯⋯⋯51
背著藥⋯⋯⋯⋯250
背縫線⋯⋯⋯230, 293
胚乳⋯⋯⋯314, 315
胚芽⋯⋯⋯312, 313, 314, 315

321

胚根⋯⋯⋯⋯⋯⋯⋯312, 313
胚珠⋯⋯⋯⋯⋯205, 241, 285
胚盤⋯⋯⋯⋯⋯⋯⋯314, 315
胞果⋯⋯⋯⋯⋯⋯⋯⋯297
苔類⋯⋯⋯⋯⋯⋯⋯⋯⋯12
苔蘚植物⋯⋯⋯⋯⋯⋯⋯12
苞片⋯⋯⋯⋯⋯⋯⋯⋯258
重鋸齒⋯⋯⋯⋯⋯⋯⋯161

十畫

倒三角形⋯⋯⋯⋯⋯⋯142
倒心形⋯⋯⋯⋯⋯⋯⋯137
倒卵形⋯⋯⋯⋯⋯⋯⋯135
倒披針形⋯⋯⋯⋯⋯⋯129
原生植物⋯⋯⋯⋯⋯⋯⋯34
唇形⋯⋯⋯⋯⋯⋯⋯⋯224
扇形⋯⋯⋯⋯⋯⋯⋯⋯147
挺水植物⋯⋯⋯⋯⋯⋯⋯41
核⋯⋯⋯⋯⋯⋯⋯⋯⋯304
核果⋯⋯⋯⋯⋯⋯⋯⋯304
根⋯⋯⋯⋯⋯⋯⋯⋯⋯⋯68
根毛⋯⋯⋯⋯⋯⋯⋯68, 69
根狀莖⋯⋯⋯⋯⋯⋯⋯100
根冠⋯⋯⋯⋯⋯⋯⋯68, 69
根莖⋯⋯⋯⋯⋯⋯⋯⋯100
根鞘⋯⋯⋯⋯⋯⋯314, 315
根蘗⋯⋯⋯⋯⋯⋯⋯⋯⋯63
氣孔⋯⋯⋯⋯⋯⋯⋯⋯118
氣孔帶⋯⋯⋯⋯⋯⋯⋯118
氣生根⋯⋯⋯⋯⋯⋯⋯⋯78
氣囊根⋯⋯⋯⋯⋯⋯⋯⋯71
海漂果實⋯⋯⋯⋯⋯⋯⋯45
海飄植物⋯⋯⋯⋯⋯⋯⋯45
海飄種子⋯⋯⋯⋯⋯⋯⋯45
特有植物⋯⋯⋯⋯⋯⋯⋯35
珠芽⋯⋯⋯⋯⋯⋯⋯⋯⋯62
真果⋯⋯⋯⋯⋯⋯⋯⋯285
真菌異營植物⋯⋯⋯⋯⋯49
真蕨類⋯⋯⋯⋯⋯⋯⋯⋯18
粉源植物⋯⋯⋯⋯⋯⋯⋯55
翅果⋯⋯⋯⋯⋯⋯⋯⋯294
草本植物⋯⋯⋯⋯⋯⋯⋯25
草質⋯⋯⋯⋯⋯⋯⋯⋯⋯93
配子體⋯⋯⋯⋯⋯⋯⋯⋯13
針形⋯⋯⋯⋯⋯⋯⋯⋯126
高杯狀⋯⋯⋯⋯⋯⋯⋯227

十一畫

乾果⋯⋯⋯⋯⋯⋯⋯⋯287
假果⋯⋯⋯⋯⋯⋯285, 305
假孢膜⋯⋯⋯⋯⋯⋯⋯⋯17
假球莖⋯⋯⋯⋯⋯⋯⋯⋯99

假種皮⋯⋯⋯⋯⋯⋯⋯317
側出平行脈⋯⋯⋯⋯⋯124
側根⋯⋯⋯⋯⋯⋯⋯⋯⋯70
側脈⋯⋯⋯⋯⋯⋯112, 113
側膜胎座⋯⋯⋯⋯⋯⋯239
偶數羽狀複葉⋯⋯⋯⋯185
副花冠⋯⋯⋯⋯⋯⋯⋯228
副萼⋯⋯⋯⋯⋯⋯⋯⋯259
匙形⋯⋯⋯⋯⋯⋯⋯⋯144
基生胎座⋯⋯⋯⋯⋯⋯241
基生葉⋯⋯⋯⋯⋯⋯⋯199
基著藥⋯⋯⋯⋯⋯⋯⋯249
堅果⋯⋯⋯⋯⋯⋯⋯⋯295
寄主⋯⋯⋯⋯⋯⋯⋯⋯⋯76
寄生根⋯⋯⋯⋯⋯⋯⋯⋯76
寄生植物⋯⋯⋯⋯⋯⋯⋯48
常綠⋯⋯⋯⋯⋯⋯⋯⋯114
捲尾狀⋯⋯⋯⋯⋯⋯⋯155
捲鬚⋯⋯⋯⋯⋯⋯⋯⋯⋯95
斜升莖⋯⋯⋯⋯⋯⋯⋯105
斜倚莖⋯⋯⋯⋯⋯⋯⋯106
梨果⋯⋯⋯⋯⋯⋯⋯⋯305
毬果⋯⋯⋯⋯⋯⋯⋯⋯309
毬花⋯⋯⋯⋯⋯⋯⋯⋯282
深波狀⋯⋯⋯⋯⋯⋯⋯165
球莖⋯⋯⋯⋯⋯⋯⋯⋯⋯97
瓠果⋯⋯⋯⋯⋯⋯⋯⋯303
異型葉⋯⋯⋯⋯⋯⋯⋯116
細尖⋯⋯⋯⋯⋯⋯⋯⋯154
細脈⋯⋯⋯⋯⋯⋯112, 113
細圓齒狀⋯⋯⋯⋯⋯⋯163
細鋸齒狀⋯⋯⋯⋯⋯⋯160
莖⋯⋯⋯⋯⋯⋯⋯⋯⋯⋯82
莖生葉⋯⋯⋯⋯⋯⋯⋯198
莖穿葉的⋯⋯⋯⋯⋯⋯189
莢果⋯⋯⋯⋯⋯⋯⋯⋯293
被子植物⋯⋯⋯⋯13, 14, 20
閉果⋯⋯⋯⋯⋯⋯⋯⋯287
頂小葉⋯⋯⋯⋯⋯⋯⋯184

十二畫

喬木⋯⋯⋯⋯⋯⋯⋯⋯⋯27
單子葉⋯⋯⋯⋯⋯⋯⋯314
單子葉植物⋯⋯⋯⋯⋯⋯22
單心皮⋯⋯⋯⋯⋯⋯⋯230
單生花⋯⋯⋯⋯⋯⋯⋯280
單身複葉⋯⋯⋯⋯⋯⋯180
單果⋯⋯⋯⋯⋯⋯⋯⋯286
單性花⋯⋯⋯⋯⋯⋯⋯208
單室子房⋯⋯⋯⋯⋯⋯232
單頂花序⋯⋯⋯⋯⋯⋯280
單葉⋯⋯⋯⋯⋯⋯⋯⋯178

單體雄蕊⋯⋯⋯⋯⋯⋯243
壺狀⋯⋯⋯⋯⋯⋯⋯226
戟形⋯⋯⋯⋯⋯⋯⋯149
掌狀裂⋯⋯⋯⋯⋯⋯174
掌狀網脈⋯⋯⋯⋯⋯122
掌狀複葉⋯⋯⋯⋯⋯182
提琴形⋯⋯⋯⋯⋯⋯146
棘刺⋯⋯⋯⋯⋯⋯⋯91
殼斗⋯⋯⋯⋯⋯⋯⋯310
無性花⋯⋯⋯⋯⋯⋯211
無限花序⋯⋯⋯⋯⋯264
琴狀羽裂⋯⋯⋯⋯⋯145
短角果⋯⋯⋯⋯⋯⋯291
稈⋯⋯⋯⋯⋯⋯⋯⋯102
筒狀⋯⋯⋯⋯⋯⋯⋯221
腋芽⋯⋯⋯⋯⋯⋯⋯178
腎形⋯⋯⋯⋯⋯⋯⋯139
菌根⋯⋯⋯⋯⋯⋯⋯74
菱形⋯⋯⋯⋯⋯⋯⋯143
裂片⋯⋯⋯⋯⋯⋯⋯169
裂果⋯⋯⋯⋯⋯⋯⋯287
距⋯⋯⋯⋯⋯⋯⋯⋯229
軸根⋯⋯⋯⋯⋯⋯⋯70
鈍⋯⋯⋯⋯⋯⋯⋯⋯156
鈍齒狀⋯⋯⋯⋯⋯⋯162
雄花⋯⋯⋯⋯⋯⋯⋯212
雄器⋯⋯⋯⋯⋯⋯⋯205
雄蕊⋯⋯⋯⋯⋯203, 205
雄蕊束⋯⋯⋯⋯⋯⋯245
雄蕊筒⋯⋯⋯⋯⋯⋯243
集生果⋯⋯⋯⋯⋯⋯306
韌皮部⋯⋯⋯⋯84, 85, 86

十三畫
圓⋯⋯⋯⋯⋯⋯⋯⋯156
圓形⋯⋯⋯⋯⋯⋯⋯140
圓齒狀⋯⋯⋯⋯⋯⋯162
圓錐花序⋯⋯⋯⋯⋯267
塊根⋯⋯⋯⋯⋯⋯⋯72
塊莖⋯⋯⋯⋯⋯⋯⋯96
幹生花⋯⋯⋯⋯⋯⋯283
微凹⋯⋯⋯⋯⋯⋯⋯156
楔形⋯⋯⋯⋯⋯⋯⋯157
節⋯⋯⋯⋯⋯⋯⋯⋯83
節間⋯⋯⋯⋯⋯⋯⋯83
腹縫線⋯⋯⋯⋯⋯230, 293
腺⋯⋯⋯⋯⋯⋯⋯⋯64
腺毛⋯⋯⋯⋯⋯⋯⋯64
腺點⋯⋯⋯⋯⋯⋯⋯64
腺體⋯⋯⋯⋯⋯⋯⋯64
萼片⋯⋯⋯⋯⋯⋯203, 204
落葉⋯⋯⋯⋯⋯⋯⋯115

葉⋯⋯⋯⋯⋯⋯⋯⋯112
葉子先端⋯⋯⋯⋯⋯113
葉序⋯⋯⋯⋯⋯⋯⋯190
葉身⋯⋯⋯⋯⋯⋯112, 113
葉狀枝⋯⋯⋯⋯⋯⋯101
葉狀莖⋯⋯⋯⋯⋯⋯101
葉柄⋯⋯⋯⋯⋯112, 113, 183
葉脈⋯⋯⋯⋯⋯⋯112, 113
葉基⋯⋯⋯⋯⋯⋯112, 113
葉痕⋯⋯⋯⋯⋯⋯⋯88
葉軸⋯⋯⋯⋯⋯⋯⋯183
葉緣⋯⋯⋯⋯⋯⋯112, 113
葉鞘⋯⋯⋯⋯⋯⋯⋯200

十四畫
對生⋯⋯⋯⋯⋯⋯191, 193
截形⋯⋯⋯⋯⋯⋯⋯157
旗瓣⋯⋯⋯⋯⋯⋯⋯219
漂浮植物⋯⋯⋯⋯⋯44
漏斗狀⋯⋯⋯⋯⋯⋯225
漸尖⋯⋯⋯⋯⋯⋯⋯154
種子⋯⋯⋯⋯⋯⋯⋯284
種皮⋯⋯⋯⋯⋯⋯314, 315
種托⋯⋯⋯⋯⋯⋯⋯311
種髮⋯⋯⋯⋯⋯⋯⋯318
種臍⋯⋯⋯⋯⋯313, 315, 316
管狀⋯⋯⋯⋯⋯⋯⋯221
管狀花⋯⋯⋯⋯⋯⋯262
維管束⋯⋯⋯⋯⋯⋯84, 85
維管束植物⋯⋯⋯⋯14
網狀脈⋯⋯⋯⋯⋯⋯120
聚合果⋯⋯⋯⋯⋯⋯306
聚花果⋯⋯⋯⋯⋯⋯307
聚繖花序⋯⋯⋯⋯⋯276
聚藥雄蕊⋯⋯⋯⋯⋯248
蒴果⋯⋯⋯⋯⋯⋯⋯288
蓇葖果⋯⋯⋯⋯⋯⋯292
蓋果⋯⋯⋯⋯⋯⋯⋯289
蓋裂蒴果⋯⋯⋯⋯⋯289
蜜⋯⋯⋯⋯⋯⋯⋯⋯65
蜜腺⋯⋯⋯⋯⋯⋯65, 278
蜜源植物⋯⋯⋯⋯⋯54
蜜源標記⋯⋯⋯⋯⋯257
蜜源導引⋯⋯⋯⋯⋯257
裸子植物⋯⋯⋯13, 14, 20
雌花⋯⋯⋯⋯⋯⋯⋯212
雌雄同株⋯⋯⋯⋯⋯212
雌雄異株⋯⋯⋯⋯⋯213
雌器⋯⋯⋯⋯⋯⋯⋯204
雌蕊⋯⋯⋯⋯⋯⋯203, 204

十五畫

寬橢圓形	133
漿果	301
瘦果	299
皺波狀	166
箭形	148
線形	127
蓮座狀	197
蔓性植物	33
蝶形	219
複葉	179
複聚繖花序	277
複繖形花序	273
輪生	190, 195
輪狀	223
銳尖	154
齒牙狀	167

十六畫

學名	67
整齊花	214
樹皮	87
樹幹	82
樹輪	103
橢圓形	131
橫出平行脈	124
橫裂	253
獨立中央胎座	240
穎果	296
蕨葉	18
蕨類植物	16
輻射對稱花	214
鋸齒狀	159
頭狀花序	274
龍骨瓣	219

十七畫

儲存根	72
擬蕨類	15
營養葉	116, 117
穗狀花序	268
簇生花序	281
縱裂	252
總狀花序	266
總苞	259
總苞片	259
翼瓣	219
隱花果	308
隱頭果	308
隱頭花序	275

十八畫

叢生	191, 196
歸化植物	37
繖形花序	272
繖房花序	271
蟲癭	66
雙子葉	312
雙子葉植物	23
雙心皮	230
雜性花	210
離生心皮子房	233
離生雄蕊	242
離果	298
離瓣花	217

十九畫

攀緣根	75
攀緣莖	110
攀緣植物	31
瓣裂	255
藤本植物	29
蠍尾狀花序	279
邊緣胎座	237
關節	180

二十畫

鐘狀	222

二十一畫

灌木	28
纏勒現象	58
纏繞莖	111
纏繞植物	32
蘚類	12
鐮形	130

二十二畫

囊果	297
癭	66
鬚根	70

二十三畫

髓	68, 84, 85
鱗片狀	151
鱗芽	61
鱗莖	98

二十四畫

驟突	156

二十八畫

鑿形	150

名詞英文索引

A

Abruptly pinnate compound leaf 偶數羽狀複葉⋯⋯185

Acerose 針形⋯⋯126

Achene 瘦果⋯⋯299

Acicular 針形⋯⋯126

Actinomorphic flower 輻射對稱花 / 整齊花⋯214

Acuminate 漸尖⋯⋯154

Acute 銳尖⋯⋯154

Adhesive disc 吸盤⋯⋯110

Adventitious bud 不定芽⋯⋯60

Adventitious root 肉質軸根⋯⋯72

Adventitious root 不定根⋯⋯73

Aerial bulbil 珠芽⋯⋯62

Aerial root 氣生根⋯⋯78

Aggregate fruit 聚合果 / 集生果⋯⋯306

Air bladder root 氣囊根⋯⋯71

Akene 瘦果⋯⋯299

Ala 翼瓣⋯⋯219

Alien plant 外來植物⋯⋯36

Alternate 互生⋯⋯190, 192

Ament 柔荑花序⋯⋯269

Amplexicaul 抱莖⋯⋯152

Androecium 雄器⋯⋯205

Angiosperm 被子植物⋯⋯13, 14, 20

Annual 一年生⋯⋯56

Annual ring 年輪 / 樹輪⋯⋯103

Anther 花藥⋯⋯203, 205

Apex 葉子先端⋯⋯113

Apiculate 細尖⋯⋯154

Apocarpous ovary 離生心皮子房⋯⋯233

Apopetalous flower 離瓣花⋯⋯217

Apostemonous 離生雄蕊⋯⋯242

Aquatic plant 水生植物⋯⋯40

Aril 假種皮⋯⋯317

Aristate 芒尖⋯⋯154

Articulation 關節⋯⋯180

Ascending stem 斜升莖⋯⋯105

Assimilation root 同化根⋯⋯79

Auriculate-amplexicaul 耳狀抱莖⋯⋯153

Auriculate-clasping 耳狀抱莖⋯⋯153

Axile placentation 中軸胎座⋯⋯238

Axillary bud 腋芽⋯⋯178

B

Banner 旗瓣⋯⋯219

Bark 樹皮⋯⋯87

Basal placentation 基生胎座⋯⋯241

Base 葉基⋯⋯112, 113

Basifixed anther 基著藥⋯⋯249

Berry 漿果⋯⋯301

Bicarpellary 雙心皮⋯⋯230

Bicarpellate 雙心皮⋯⋯230

Bifid 二裂⋯⋯170

Bilabiate 唇形⋯⋯224

Bipinnately compound leaf 二回羽狀複葉⋯⋯187

Bipinnatifid 二回羽狀裂⋯⋯176

Bisected 二裂⋯⋯170

Biserrate 重鋸齒⋯⋯161

Bisexual flower 兩性花⋯⋯209

Blade 葉身⋯⋯112, 113

Bract 苞片⋯⋯258

Bracteole 小苞片⋯⋯258

Branch 枝⋯⋯82

Bryophyte 苔蘚植物⋯⋯12

Bud 芽⋯⋯59

Bulb 鱗莖⋯⋯98

Buttress root 板根⋯⋯77

C

Calcar 距⋯⋯229

Calyx 花萼⋯⋯203, 204

Cambium 形成層⋯⋯84, 85, 86

Campanulate 鐘狀⋯⋯222

Capitulum 頭狀花序⋯⋯274

Capsule 蒴果⋯⋯288

Cariopsis 穎果⋯⋯296

Carpel 心皮⋯⋯230

Caryopsis 穎果⋯⋯296

Catkin 柔荑花序⋯⋯269

Caudate 尾狀⋯⋯155

Cauliflorous 幹生花⋯⋯283

Cauline leaf 莖生葉⋯⋯198

Choripetalous flower 離瓣花⋯⋯217

Ciliate 毛緣⋯⋯168

Circular 圓形⋯⋯140

Circumscissile capsule 蓋果 / 蓋裂蒴果⋯⋯289

Cirrhose 捲尾狀⋯⋯155

Cirrhous 捲尾狀⋯⋯155

Cirrose 捲尾狀⋯⋯155

Cladode 葉狀枝 / 葉狀莖⋯⋯101

Cladophyll 葉狀枝 / 葉狀莖⋯⋯101

Climber 攀緣植物⋯⋯31

Climbing plant 攀緣植物⋯⋯31

Climbing root 攀緣根⋯⋯75

Climbing stem 攀緣莖⋯⋯110

Coleoptile 芽鞘⋯⋯314, 315

Coleorhiza 根鞘⋯⋯314, 315

Coma 種髮⋯⋯318

Common name 俗名⋯⋯67

Complete flower 完全花⋯⋯206

Compound cyme 複聚繖花序⋯⋯277

Compound leaf 複葉⋯179
Compound umbel 複繖形花序⋯273
Cone 毬果⋯309
Cordate 心形⋯136
Cordiform 心形⋯136
Corm 球莖⋯97
Corolla 花冠⋯204
Corolla lobe 花冠裂片⋯223
Corolla tube 花冠筒⋯223
Cortex 皮層⋯68, 69, 84, 85
Corymb 繖房花序⋯271
Cotyledon 子葉⋯312, 313, 314
Creeping stem 匍匐莖⋯108
Crenate 鈍齒狀 / 圓齒狀⋯162
Crenulate 細圓齒狀⋯163
Crispate 皺波狀⋯166
Crisped 皺波狀⋯166
Cross-shaped 十字形⋯218
Crown 副花冠⋯228
Cruciate 十字形⋯218
Cruciform 十字形⋯218
Culm 稈⋯102
Cuneate 楔形⋯157
Cupule 殼斗⋯310
Cuspidate 驟突⋯156
Cyathium 大戟花序 / 杯狀聚繖花序⋯278
Cyme 聚繖花序⋯276

D

Deciduous 落葉⋯115
Decumbent stem 斜倚莖⋯106
Decussate 十字對生⋯191, 194
Dehiscent fruit 裂果⋯287
Deltate 三角形⋯141
Deltoid 三角形⋯141
Dentate 齒牙狀⋯167
Determinate inflorescence 有限花序⋯265
Diadelphous stamens 二體雄蕊⋯244
Dialypetalous flower 離瓣花⋯217
Dicot 雙子葉植物⋯23
Dicotyledon 雙子葉植物⋯23
Dicotyledon 雙子葉⋯312
Didynamous stamens 二強雄蕊⋯246
Digitate venation 掌狀網脈⋯122
Digitately compound leaf 掌狀複葉⋯182
Dioecious 雌雄異株⋯213
Dissected 多裂⋯172
Divided 全裂⋯173
Dorsal suture 背縫線⋯230, 293
Dorsifixed anther 背著藥⋯250
Dot glands 腺點⋯64
Double-serrate 重鋸齒⋯161

Drift fruits 海漂果實⋯45
Drift seeds 海飄種子⋯45
Drupe 核果⋯304
Dry fruit 乾果⋯287

E

Elliptic 橢圓形⋯131
Elliptical 橢圓形⋯131
Emarginate 凹缺⋯157
Emergent anchored plant 挺水植物⋯41
Endemic plant 特有植物⋯35
Endocarp 內果皮⋯284
Endosperm 胚乳⋯314, 315
Entire 全緣⋯158
Epicalyx 副萼⋯259
Epicarp 外果皮⋯284
Epidermis 表皮⋯84, 85
Epigynous flower 上位花⋯234
Epiphyte 附生植物⋯47
Epiphytic plant 附生植物⋯47
Erect stem 直立莖⋯104
Even-pinnately compound leaf 偶數羽狀複葉⋯
⋯185
Evergreen 常綠⋯114
Exocarp 外果皮⋯284
Exotic plant 外來植物⋯36
Extrafloral nectary 花外蜜腺⋯65

F

Falcate 鐮形⋯130
False fruit 假果⋯285, 305
False indusium 假孢膜⋯17
Fan-shaped 扇形⋯147
Fascicle 簇生花序⋯281
Fasciculate 叢生⋯191, 196
Female flower 雌花⋯212
Fern 真蕨類⋯18
Fern allies 擬蕨類⋯15
Fibrous root 鬚根⋯70
Fig 隱花果 / 隱頭果⋯308
Filament 花絲⋯203, 205
Flabellate 扇形⋯147
Flabelliform 扇形⋯147
Fleshy fruit 肉果⋯300
Fleshy stem 肉質莖⋯94
Floating plant 漂浮植物⋯44
Floating-leaved anchored plant 固著浮葉植物⋯
⋯43
Floret 小花⋯262, 275
Flower 花⋯202
Follicle 蓇葖果⋯292
Free-central placentation 獨立中央胎座⋯240

Frond 蕨葉⋯⋯18
Fruit 果實⋯⋯284
Fruit wall 果壁⋯⋯302
Fruitlet 小果⋯⋯306
Funnelform 漏斗狀⋯⋯225
Funnel-shaped 漏斗狀⋯⋯225

G

Gall 癭⋯⋯66
Gametophyte 配子體⋯⋯13
Gamopetalous flower 合瓣花⋯⋯220
Gland 腺 / 腺體⋯⋯64
Gland-dots 腺點⋯⋯64
Glandular dots 腺點⋯⋯64
Glandular hairs 腺毛⋯⋯64
Glandular punctae 腺點⋯⋯64
Grain 穎果⋯⋯296
Gymnosperm 裸子植物⋯⋯13, 14, 20
Gynoecium 雌器⋯⋯204

H

Halberd-shaped 戟形⋯⋯149
Hastate 戟形⋯⋯149
Head 頭狀花序⋯⋯274
Helicoid cyme 蠍尾狀花序⋯⋯279
Herb 草本植物⋯⋯25
Herbaceous 草質⋯⋯93
Herbaceous plant 草本植物⋯⋯25
Hermaphroditic flower 兩性花⋯⋯209
Hesperidium 柑果⋯⋯302
Heterophyllous leaf 異型葉⋯⋯116
Hilum 種臍⋯⋯313, 315, 316
Hornworts 角蘚類⋯⋯12
Host 寄主⋯⋯76
Hypanthium 花托筒 / 托杯⋯⋯260
Hypanthodium 隱頭花序⋯⋯275
Hypocotyl 下胚軸⋯⋯312, 313
Hypogynous flower 下位花⋯⋯235

I

Imparipinnately compound leaf 奇數羽狀複葉⋯⋯184
Imperfect flower 單性花⋯⋯208
Incomplete flower 不完全花⋯⋯207
Indehiscent fruit 閉果⋯⋯287
Indeterminate inflorescence 無限花序⋯⋯264
Indigenous plant 原生植物⋯⋯34
Indusia 孢膜⋯⋯17
Indusium 孢膜⋯⋯17
Inflorescence 花序⋯⋯263
Infundibuliform 漏斗狀⋯⋯225
Insect gall 蟲癭⋯⋯66

Internode 節間⋯⋯83
Introduced plant 引進植物⋯⋯36
Invasive plant 入侵植物⋯⋯38
Involucral bract 總苞片⋯⋯259
Involucre 總苞⋯⋯259
Irregular flower 兩側對稱花 / 不整齊花⋯⋯215

J

Joint 關節⋯⋯180

K

Keel 龍骨瓣⋯⋯219

L

Labiate 唇形⋯⋯224
Lanceolate 披針形⋯⋯128
Lateral root 支根 / 側根⋯⋯70
Lateral vein 側脈⋯⋯112, 113
Leaf 葉⋯⋯112
Leaf scar 葉痕⋯⋯88
Leaf sheath 葉鞘⋯⋯200
Leaflet 小葉⋯⋯179
Legume 莢果⋯⋯293
Lenticel 皮孔 / 皮目⋯⋯89
Liana 木質藤本⋯⋯30
Lignified 木質化⋯⋯26
Ligulate flower 舌狀花⋯⋯262
Linear 線形⋯⋯127
Liverworts 苔類⋯⋯12
Living Fossil 活化石⋯⋯39
Lobe 裂片⋯⋯169
Longitudinal dehiscence 縱裂⋯⋯252
Lower lip 下唇⋯⋯224
Lyrate 琴狀羽裂 / 大頭羽裂⋯⋯145

M

Main root 主根 / 軸根⋯⋯38
Main stem 主莖 / 樹幹⋯⋯44
Margin 葉緣⋯⋯63
Marginal placentation 邊緣胎座⋯⋯127
Mesocarp 中果皮⋯⋯151
Microphyll 小型葉⋯⋯9
Midrib 主脈⋯⋯62
Monadelphous stamens 單體雄蕊⋯⋯130
Monocarpellate 單心皮⋯⋯122
Monocarpous 單心皮⋯⋯122
Monocot 單子葉植物⋯⋯13
Monocotyledon 單子葉⋯⋯167
Monocotyledon 單子葉植物⋯⋯13
Monoecious 雌雄同株⋯⋯113
Monolocular ovary 單室子房⋯⋯124
Mucronate 具短尖的⋯⋯84

Mucronulate 具小短尖的·················84
Multi-pinnately compound leaf 多回羽狀複葉·····
···················101
Multiple fruit 聚花果 / 多花果·········163
Mycorrhiza 菌根·················40

N

Native plant 原生植物·················34
Naturalized plant 歸化植物·············37
Nectar 蜜·····················65
Nectar gland 蜜腺·············65, 278
Nectar guides 蜜源標記 / 蜜源導引·····257
Nectar plant 蜜源植物·················54
Nectary 蜜腺·············65, 278
Nerve 葉脈·············112, 113
Netted vein 網狀脈·················120
Neutral flower 無性花 / 中性花·····211
Node 節·····················83
Noninvasive plant 非入侵植物·········37
Nut 堅果·····················295
Nutlet 小堅果·················295

O

OObcordate 倒心形·················137
Obdeltoid 倒三角形·················142
Oblanceolate 倒披針形·················129
Oblique 歪基·················157
Oblong 長橢圓形·················132
Obordiform 倒心形·················137
Obovate 倒卵形·················135
Obtuse 鈍·················156
Odd-pinnately compound leaf 奇數羽狀複葉·····
···················184
Opposite 對生·············191, 193
Orbicular 圓形·················140
Orbiculate 圓形·················140
Oval 寬橢圓形·················133
Ovary 子房·············203, 205
Ovary 子房·················232
Ovate 卵形·················134
Ovule 胚珠·············205, 241, 285

p

Palmately compound leaf 掌狀複葉·········182
Palmate-netted vention 掌狀網脈·········122
Palmatifid 掌狀裂·················174
Pandurate 提琴形·················146
Panduriform 提琴形·················146
Panicle 圓錐花序·················267
Papilionaceous 蝶形·················219
Pappus 冠毛·················299
Parallel venation 平行脈·················123

Parasitic plant 寄生植物·················48
Parasitic root 寄生根·················76
Parietal placentation 側膜胎座·········239
Paripinnately compound leaf 偶數羽狀複葉···185
Pedicel 花梗·············203, 204
Peduncle 花序梗·················263
Peltate 盾形·················138
Pepo 瓜果 / 瓠果·················303
Perennial 多年生·················57
Perfect flower 兩性花·················209
Perfoliate 莖穿葉的·················189
Perianth segment 花被片·················216
Pericarp 果皮·················284
Perigynous flower 周位花·················236
Petal 花瓣·················204
Petiole 葉柄·············112, 113, 183
Petiolule 小葉柄·················179
Phalange 雄蕊束·················245
Phloem 韌皮部·············84, 85, 86
Phyllary 總苞片·················259
Phylloclade 葉狀枝 / 葉狀莖·········101
Phyllotaxis 葉序·················190
Phyllotaxy 葉序·················190
Pinnately compound leaf 羽狀複葉·········183
Pinnately netted venation 羽狀網脈·········121
Pinnately parallel venation 側出平行脈 / 橫出平
行脈 / 羽狀平行脈·················124
Pinnate-netted venation 羽狀網脈·········121
Pinnatifid 羽狀裂·················175
Pioneer plant 先驅植物·················53
Pistil 雌蕊·············203, 204
Pit 核·················304
Pith 髓·············68, 84, 85
Plant with drift disseminules 海飄植物·········45
Plumule 胚芽·············312, 313, 314, 315
Poisonous plant 有毒植物·················52
Pollen 花粉·················256
Pollen plant 粉源植物·················55
Pollinium 花粉塊·················256
Polyadelphous stamens 多體雄蕊·········245
Polycarpous 多心皮·················231
Polygamous 雜性花·················210
Polypetalous flower 離瓣花·················217
Pome 仁果 / 梨果·················305
Poricidal dehiscence 孔裂·················254
Porous dehiscence 孔裂·················254
Prickle 皮刺·················90
Prop root 支持根·················80
Prostrate stem 平臥莖·················107
Pseudobulb 假球莖·················99
Pseudo-indusium 假孢膜·················17
Pteridophyte 蕨類植物·················16

Pterospermous 具翅種子‧‧‧‧‧‧‧‧‧‧‧‧‧‧319
Pyxidium 蓋果 / 蓋裂蒴果‧‧‧‧‧‧‧‧‧‧289
Pyxis 蓋果 / 蓋裂蒴果‧‧‧‧‧‧‧‧‧‧‧‧‧289

R

Raceme 總狀花序‧‧‧‧‧‧‧‧‧‧‧‧‧‧‧‧‧‧‧266
Rachis 葉軸‧‧‧‧‧‧‧‧‧‧‧‧‧‧‧‧‧‧‧‧‧‧‧183
Rachis 花序軸‧‧‧‧‧‧‧‧‧‧‧‧‧‧‧‧‧‧‧‧263
Radical leaf 基生葉‧‧‧‧‧‧‧‧‧‧‧‧‧‧‧199
Radicle 胚根‧‧‧‧‧‧‧‧‧‧‧‧‧‧‧‧312, 313
Receptacle 花托‧‧‧‧‧‧‧‧‧‧‧‧203, 204
Receptacle 果托 / 種托‧‧‧‧‧‧‧‧‧‧‧311
Regular flower 輻射對稱花 / 整齊花‧‧‧214
Reniform 腎形‧‧‧‧‧‧‧‧‧‧‧‧‧‧‧‧‧‧‧‧139
Respiratory root 呼吸根‧‧‧‧‧‧‧‧‧‧‧81
Reticulate vein 網狀脈‧‧‧‧‧‧‧‧‧‧‧‧120
Retuse 微凹‧‧‧‧‧‧‧‧‧‧‧‧‧‧‧‧‧‧‧‧‧156
Rhizome 地下莖 / 根莖 / 根狀莖‧‧‧‧100
Rhombic 菱形‧‧‧‧‧‧‧‧‧‧‧‧‧‧‧‧‧‧‧143
Root 根‧‧‧‧‧‧‧‧‧‧‧‧‧‧‧‧‧‧‧‧‧‧‧‧‧68
Root cap 根冠‧‧‧‧‧‧‧‧‧‧‧‧‧‧‧‧68, 69
Root hair 根毛‧‧‧‧‧‧‧‧‧‧‧‧‧‧‧68, 69
Root tuber 塊根‧‧‧‧‧‧‧‧‧‧‧‧‧‧‧‧‧‧72
Rosulate 蓮座狀‧‧‧‧‧‧‧‧‧‧‧‧‧‧‧‧197
Rotate 輪狀‧‧‧‧‧‧‧‧‧‧‧‧‧‧‧‧‧‧‧‧223
Rotund 圓形‧‧‧‧‧‧‧‧‧‧‧‧‧‧‧‧‧‧‧140
Rounded 圓‧‧‧‧‧‧‧‧‧‧‧‧‧‧‧‧‧‧‧‧156

S

Sagittate 箭形‧‧‧‧‧‧‧‧‧‧‧‧‧‧‧‧‧‧148
Saline-tolerant plant 耐鹽植物‧‧‧‧‧51
Salverform 高杯狀‧‧‧‧‧‧‧‧‧‧‧‧‧‧227
Salver-shapd 高杯狀‧‧‧‧‧‧‧‧‧‧‧‧227
Samara 翅果‧‧‧‧‧‧‧‧‧‧‧‧‧‧‧‧‧‧‧294
Sand dune plant 沙丘植物‧‧‧‧‧‧‧‧50
Scale-like 鱗片狀‧‧‧‧‧‧‧‧‧‧‧‧‧‧‧151
Scaly bud 鱗芽‧‧‧‧‧‧‧‧‧‧‧‧‧‧‧‧‧61
Scandent plant 攀緣植物‧‧‧‧‧‧‧‧‧31
Scape 花葶‧‧‧‧‧‧‧‧‧‧‧‧‧‧‧‧‧‧‧‧261
Schizocarp 離果‧‧‧‧‧‧‧‧‧‧‧‧‧‧‧‧298
Scientific name 學名‧‧‧‧‧‧‧‧‧‧‧‧‧67
Scutellum 盾片 / 胚盤‧‧‧‧‧‧‧‧314, 315
Sected 全裂‧‧‧‧‧‧‧‧‧‧‧‧‧‧‧‧‧‧‧173
Seed 種子‧‧‧‧‧‧‧‧‧‧‧‧‧‧‧‧‧‧‧‧284
Seed coatt 種皮‧‧‧‧‧‧‧‧‧‧‧‧314, 315
Sepal 萼片‧‧‧‧‧‧‧‧‧‧‧‧‧‧‧‧203, 204
Serrate 鋸齒狀‧‧‧‧‧‧‧‧‧‧‧‧‧‧‧‧159
Serrulate 細鋸齒狀‧‧‧‧‧‧‧‧‧‧‧‧‧160
Shrub 灌木‧‧‧‧‧‧‧‧‧‧‧‧‧‧‧‧‧‧‧‧28
Silicle 短角果‧‧‧‧‧‧‧‧‧‧‧‧‧‧‧‧‧291
Silique 長角果‧‧‧‧‧‧‧‧‧‧‧‧‧‧‧‧‧290
Simple fruit 單果‧‧‧‧‧‧‧‧‧‧‧‧‧‧‧286

Simple leaf 單葉‧‧‧‧‧‧‧‧‧‧‧‧‧‧‧178
Sinuate 深波狀‧‧‧‧‧‧‧‧‧‧‧‧‧‧‧‧165
Solitary flower 單頂花序 / 單生花‧‧‧280
Sorus 孢子囊群‧‧‧‧‧‧‧‧‧‧‧‧‧‧‧‧‧16
Spadix 佛焰花序 / 肉穗花序‧‧‧‧‧‧270
Spathe 佛焰苞‧‧‧‧‧‧‧‧‧‧‧‧‧‧‧‧‧270
Spatulate 匙形‧‧‧‧‧‧‧‧‧‧‧‧‧‧‧‧144
Spike 穗狀花序‧‧‧‧‧‧‧‧‧‧‧‧‧‧‧‧268
Sporangium 孢子囊‧‧‧‧‧‧‧‧‧‧‧‧‧‧19
Spore 孢子‧‧‧‧‧‧‧‧‧‧‧‧‧‧‧‧‧‧‧‧19
Sporophyll 孢子葉‧‧‧‧‧‧‧‧‧116, 117
Sporophyte 孢子體‧‧‧‧‧‧‧‧‧‧‧‧‧‧13
Spur 距‧‧‧‧‧‧‧‧‧‧‧‧‧‧‧‧‧‧‧‧‧‧229
Spurious fruit 假果‧‧‧‧‧‧‧‧‧285, 305
Stamen 雄蕊‧‧‧‧‧‧‧‧‧‧‧‧‧‧203, 205
Staminal filament tube 雄蕊筒‧‧‧‧243
Standard 旗瓣‧‧‧‧‧‧‧‧‧‧‧‧‧‧‧‧‧219
Stele 中柱‧‧‧‧‧‧‧‧‧‧‧‧‧‧‧‧‧‧‧‧69
Stem 莖‧‧‧‧‧‧‧‧‧‧‧‧‧‧‧‧‧‧‧‧‧‧82
Stem-clasping 抱莖‧‧‧‧‧‧‧‧‧‧‧‧‧152
Sterile flowers 不育花‧‧‧‧‧‧‧‧‧‧212
Stigma 柱頭‧‧‧‧‧‧‧‧‧‧‧‧‧‧203, 205
Stipule 托葉‧‧‧‧‧‧‧‧‧‧‧‧‧‧‧‧‧‧201
Stolon 走莖‧‧‧‧‧‧‧‧‧‧‧‧‧‧‧‧‧‧109
Stoma 氣孔‧‧‧‧‧‧‧‧‧‧‧‧‧‧‧‧‧‧118
Stomate 氣孔‧‧‧‧‧‧‧‧‧‧‧‧‧‧‧‧‧118
Stomatic band 氣孔帶‧‧‧‧‧‧‧‧‧‧‧118
Storage root 儲存根‧‧‧‧‧‧‧‧‧‧‧‧‧72
Straight parallel venation 直出平行脈‧‧‧125
Strangler 纏勒現象‧‧‧‧‧‧‧‧‧‧‧‧‧58
Strobilus 孢子葉球 / 毬花 / 孢子囊穗‧‧‧282
Strobilus 毬果‧‧‧‧‧‧‧‧‧‧‧‧‧‧‧‧‧309
Style 花柱‧‧‧‧‧‧‧‧‧‧‧‧‧‧‧203, 205
Stylodious 單心皮‧‧‧‧‧‧‧‧‧‧‧‧‧‧230
Submerged plant 沉水植物‧‧‧‧‧‧‧42
Subulate 鑿形‧‧‧‧‧‧‧‧‧‧‧‧‧‧‧‧‧150
Succulent fruit 肉果‧‧‧‧‧‧‧‧‧‧‧‧300
Succulent stem 肉質莖‧‧‧‧‧‧‧‧‧‧‧94
Sucker 吸芽 / 根蘗‧‧‧‧‧‧‧‧‧‧‧‧‧63
Syconium 隱花果 / 隱頭果‧‧‧‧‧‧‧308
Symbiotic plant 共生植物‧‧‧‧‧‧‧‧46
Sympetalous flower 合瓣花‧‧‧‧‧‧‧220
Syncarpous ovary 合生心皮子房‧‧‧233
Syngenesious stamens 聚藥雄蕊‧‧‧248
Synpetalous flower 合瓣花‧‧‧‧‧‧‧220

T

Tap root 主根 / 軸根‧‧‧‧‧‧‧‧‧‧‧‧‧70
Tendril 捲鬚‧‧‧‧‧‧‧‧‧‧‧‧‧‧‧‧‧‧95
Tepal 花被片‧‧‧‧‧‧‧‧‧‧‧‧‧‧‧‧‧216
Terminal leaflet 頂小葉‧‧‧‧‧‧‧‧‧184
Ternately compound leaf 三出複葉‧‧‧181

Testa 種皮⋯⋯⋯⋯⋯⋯⋯⋯314, 315

Tetradynamous stamens 四強雄蕊⋯⋯⋯⋯247

Thorn 棘刺⋯⋯⋯⋯⋯⋯⋯⋯⋯⋯⋯⋯91

Tracheophyte 維管束植物⋯⋯⋯⋯⋯⋯14

Trailing plant 蔓性植物⋯⋯⋯⋯⋯⋯⋯33

Transverse dehiscence 橫裂⋯⋯⋯⋯⋯253

Transversed parallel venation 側出平行脈 / 橫出
平行脈 / 羽狀平行脈⋯⋯⋯⋯⋯⋯⋯⋯124

Tree 喬木⋯⋯⋯⋯⋯⋯⋯⋯⋯⋯⋯⋯⋯27

Tricarpellary 三心皮⋯⋯⋯⋯⋯⋯⋯⋯231

Tricarpellate 三心皮⋯⋯⋯⋯⋯⋯⋯⋯231

Trifid 三裂⋯⋯⋯⋯⋯⋯⋯⋯⋯⋯⋯⋯171

Trifoliolate leaf 三出複葉⋯⋯⋯⋯⋯⋯181

Trifoliolately compound leaf 三出複葉⋯⋯⋯181

Trilocular ovary 三室子房⋯⋯⋯⋯⋯⋯232

Trinerved 三出脈⋯⋯⋯⋯⋯⋯⋯⋯⋯119

Tripinnatifid 三回羽狀裂⋯⋯⋯⋯⋯⋯177

Trophophyll 營養葉⋯⋯⋯⋯⋯⋯⋯116, 117

True fern 真蕨類⋯⋯⋯⋯⋯⋯⋯⋯⋯18

True fruit 真果⋯⋯⋯⋯⋯⋯⋯⋯⋯⋯285

Truncate 截形⋯⋯⋯⋯⋯⋯⋯⋯⋯⋯157

Trunk 主莖 / 樹幹⋯⋯⋯⋯⋯⋯⋯⋯⋯82

Tuber 塊莖⋯⋯⋯⋯⋯⋯⋯⋯⋯⋯⋯96

Tuberous root 塊根⋯⋯⋯⋯⋯⋯⋯⋯72

Tubular 管狀 / 筒狀⋯⋯⋯⋯⋯⋯⋯⋯221

Tubular flower 管狀花⋯⋯⋯⋯⋯⋯⋯262

Twiner 纏繞植物⋯⋯⋯⋯⋯⋯⋯⋯⋯32

Twining plant 纏繞植物⋯⋯⋯⋯⋯⋯⋯32

Twining stem 纏繞莖⋯⋯⋯⋯⋯⋯⋯111

U

Umbel 繖形花序⋯⋯⋯⋯⋯⋯⋯⋯⋯272

Undulate 波狀⋯⋯⋯⋯⋯⋯⋯⋯⋯⋯164

Unicarpellate 單心皮⋯⋯⋯⋯⋯⋯⋯230

Unicarpellous 單心皮⋯⋯⋯⋯⋯⋯⋯230

Unifoliate compound leaf 單身複葉⋯⋯⋯180

Unilocular ovary 單室子房⋯⋯⋯⋯⋯232

Unipinnately compound leaf 一回羽狀複葉⋯186

Unisexual flower 單性花⋯⋯⋯⋯⋯⋯208

Upper lip 上唇⋯⋯⋯⋯⋯⋯⋯⋯⋯⋯224

Urceolate 壺狀⋯⋯⋯⋯⋯⋯⋯⋯⋯⋯226

Urn-shaped 壺狀⋯⋯⋯⋯⋯⋯⋯⋯⋯226

Utricle 胞果 / 囊果⋯⋯⋯⋯⋯⋯⋯⋯297

V

Valvular dehiscence 瓣裂⋯⋯⋯⋯⋯⋯255

Vascular bundle 維管束⋯⋯⋯⋯⋯84, 85

Vascular plant 維管束植物⋯⋯⋯⋯⋯14

Vein 葉脈⋯⋯⋯⋯⋯⋯⋯⋯⋯112, 113

Veinlet 細脈⋯⋯⋯⋯⋯⋯⋯⋯⋯112, 113

Ventral suture 腹縫線⋯⋯⋯⋯⋯230, 293

Versatile anther 丁字著藥⋯⋯⋯⋯⋯251

Vesicle 汁囊⋯⋯⋯⋯⋯⋯⋯⋯⋯⋯302

Vexillum 旗瓣⋯⋯⋯⋯⋯⋯⋯⋯⋯⋯219

Vine 藤本植物⋯⋯⋯⋯⋯⋯⋯⋯⋯⋯29

W

Whorled 輪生⋯⋯⋯⋯⋯⋯⋯⋯190, 195

Wing 翼瓣⋯⋯⋯⋯⋯⋯⋯⋯⋯⋯⋯219

Winged seed 具翅種子⋯⋯⋯⋯⋯⋯⋯319

Woody 木質⋯⋯⋯⋯⋯⋯⋯⋯⋯⋯⋯92

Woody herb 木質草本⋯⋯⋯⋯⋯⋯⋯26

Woody plant 木本植物⋯⋯⋯⋯⋯⋯⋯24

X

Xylem 木質部⋯⋯⋯⋯⋯⋯⋯84, 85, 86

Z

Zygomorphic flower 兩側對稱花 / 不整齊花⋯⋯
⋯⋯⋯⋯⋯⋯⋯⋯⋯⋯⋯⋯⋯⋯215

收錄植物中文索引

一畫

一枝黃花···········104
一葉羊耳蒜···········99
一點紅···········280

二畫

七日暈···········133
七葉一枝花···········195
九芎···········34
八角蓮···········138, 235
刀傷草···········198
十字蒲瓜樹···········283

三畫

三斗石櫟···········286
三角大戟···········94
三角葉西番蓮···········95, 171
三角榕···········142
三腳剪···········299
三腳鱉草···········181
三葉山芹菜···········210
丫蕊花···········231
千年桐···········37
千根草···········107
土半夏···········97, 148
大冇榕···········308
大王椰子···········88
大安水蓑衣···········224
大血藤···········45
大車前草···········289
大花紫薇···········236
大花黃鵪菜···········165
大花落新婦···········57
大籽當藥···········250
大野牡丹···········119
大萍···········44, 142
大葉山欖···········21
大葉舌蕨···········116
大葉南蛇藤···········217
大葉桃花心木···········183
大葉海桐···········263
大葉雀榕···········78
大葉羅漢松···········14
大輪月桃···········124
大頭茶···········59, 249, 319
小水玉簪···········239
小白花鬼針···········262
小白蛾蘭···········79

小白頭翁···········209
小杜若···········22
小花蔓澤蘭···········38
小茄···········118
小飛揚草···········107
小桑樹···········87, 159
小海米···········50, 297
小堇菜···········229
小梗木薑子···········255
小苦菜···········43, 136
小麥···········296
小葉石楠···········305
小葉冷水麻···········37
小葉桑···········87, 159
小葉魚藤···········219
小實孔雀豆···········187
小囊山珊瑚···········49
山月桃···········164
山芎蕉···········63
山枇杷···········159, 305
山芙蓉···········122, 243, 259
山陀兒···········181
山柑···········131
山柚···········304
山胡椒···········255
山珠豆···········219
山梨彌猴桃···········300
山菊···········261
山黃梔···········129
山葵···········218, 247
山榕···········58, 132
山龍眼···········295
山薄荷···········221
山檳榔···········88
山蘇花···········124
山櫻花···········89, 115, 161

四畫

中原氏鬼督郵···········248
中國宿柱薹···········297
丹桂···········281
五月艾···········172
五指茄···········238
五彩石竹···········240
五節芒···········74
五葉山芹菜···········242
五葉黃連···········174, 231
六角柱···········94
冇骨消···········26, 65
反捲葉石松···········16

天人菊⋯⋯⋯⋯⋯⋯⋯⋯⋯37
天門冬⋯⋯⋯⋯⋯⋯⋯101
天胡荽⋯⋯⋯⋯⋯73, 108
太魯閣石楠⋯⋯⋯⋯271
太魯閣櫟⋯⋯⋯⋯⋯295
巴氏鐵線蓮⋯⋯⋯⋯276
心葉羊耳蒜⋯⋯⋯⋯136
心葉毬蘭⋯⋯⋯⋯⋯137
文殊蘭⋯⋯⋯⋯⋯70, 256
文珠蘭⋯⋯⋯⋯⋯70, 256
日本山茶⋯⋯⋯⋯⋯250
日本金粉蕨⋯⋯⋯⋯17
日本前胡⋯⋯⋯⋯⋯298
日本柳杉⋯⋯⋯⋯⋯309
日本商陸⋯⋯⋯⋯⋯264
日本衛矛⋯⋯⋯⋯⋯163
日本雙葉蘭⋯⋯⋯⋯141
月桃⋯⋯⋯⋯⋯123, 200
木棉⋯⋯⋯⋯⋯⋯⋯115
木賊⋯⋯⋯⋯⋯⋯⋯15
木槿⋯⋯⋯⋯⋯⋯⋯206
毛玉葉金花⋯⋯⋯⋯207
毛竹⋯⋯⋯⋯⋯⋯⋯36
毛西番蓮⋯⋯⋯⋯⋯95
毛海棗⋯⋯⋯⋯⋯⋯87
毛茛⋯⋯⋯⋯⋯⋯⋯242
毛馬齒莧⋯⋯⋯⋯⋯289
毛筆天南星⋯⋯⋯⋯270
毛葉蕨⋯⋯⋯⋯⋯⋯176
毛藥捲瓣蘭⋯⋯⋯57, 215
水丁香⋯⋯⋯⋯⋯⋯218
水毛花⋯⋯⋯⋯⋯⋯93
水禾⋯⋯⋯⋯⋯⋯⋯40
水同木⋯⋯⋯⋯⋯⋯283
水竹葉⋯⋯⋯⋯⋯⋯252
水芹菜⋯⋯⋯⋯⋯187, 230
水金英⋯⋯⋯⋯⋯⋯41
水冠草⋯⋯⋯⋯⋯⋯168
水柳⋯⋯⋯⋯⋯⋯⋯269
水茄苳⋯⋯⋯209, 266, 284
水晶蘭⋯⋯⋯⋯⋯49, 253
水筆仔⋯⋯⋯⋯⋯80, 81
水黃皮⋯⋯⋯⋯⋯134, 186
水聚藻⋯⋯⋯⋯⋯⋯41
水蜜桃⋯⋯⋯⋯⋯⋯304
水辣菜⋯⋯⋯⋯⋯198, 306
水蕨⋯⋯⋯⋯⋯⋯⋯60
水鴨腳⋯⋯⋯⋯⋯122, 169
水蘊草⋯⋯⋯⋯⋯⋯42
火炭母草⋯⋯⋯⋯⋯153

火龍果⋯⋯⋯⋯⋯⋯101
牛奶榕⋯⋯⋯⋯⋯⋯308
牛皮消⋯⋯⋯⋯⋯⋯228

五畫
仙人球⋯⋯⋯⋯⋯⋯94
冬青油樹⋯⋯⋯⋯192, 220
凹果水馬齒⋯⋯⋯⋯108
出雲山秋海棠⋯⋯⋯252
包籜箭竹⋯⋯⋯⋯123, 296
半月鐵線蕨⋯⋯⋯⋯17
卡氏櫧⋯⋯⋯⋯⋯⋯310
可可椰子⋯⋯⋯⋯⋯45
台北肺形草⋯⋯⋯⋯29
台東漆樹⋯⋯⋯⋯⋯311
台東蘇鐵⋯⋯⋯13, 87, 282
台閩苣苔⋯⋯⋯⋯62, 221
台灣稄木⋯⋯⋯⋯⋯187
台灣檫樹⋯⋯⋯⋯⋯21
台灣一葉蘭⋯⋯⋯⋯234
台灣二葉松⋯⋯⋯53, 126
台灣三角楓⋯⋯35, 171, 217
台灣大戟⋯⋯⋯⋯⋯278
台灣山毛櫸⋯⋯⋯⋯115
台灣山白蘭⋯⋯⋯⋯119
台灣山菊⋯⋯⋯⋯⋯262
台灣山薺⋯⋯⋯⋯⋯56
台灣及己⋯⋯⋯⋯⋯190
台灣天仙果⋯⋯⋯⋯275
台灣木通⋯⋯⋯⋯⋯208
台灣毛蕨⋯⋯⋯⋯⋯18
台灣水青岡⋯⋯⋯⋯115
台灣水韭⋯⋯⋯⋯15, 39
台灣水龍⋯⋯⋯⋯⋯71
台灣奴草⋯⋯⋯⋯⋯46
台灣石楠⋯⋯⋯⋯⋯260
台灣石櫟⋯⋯⋯⋯⋯135
台灣百合⋯⋯⋯98, 209, 216
台灣冷杉⋯⋯⋯⋯104, 309
台灣杉⋯⋯⋯⋯⋯92, 150
台灣杜鵑⋯⋯⋯129, 222, 250
台灣肖楠⋯⋯⋯⋯⋯151
台灣赤楊⋯⋯⋯⋯⋯131
台灣念珠藤⋯⋯⋯⋯227
台灣油杉⋯⋯⋯20, 92, 114
台灣泡桐⋯⋯⋯⋯⋯220
台灣狗娃花⋯⋯⋯⋯105
台灣狗脊蕨⋯⋯⋯⋯60
台灣芭蕉⋯⋯⋯⋯⋯63
台灣金線蓮⋯⋯⋯⋯133

台灣附地草⋯⋯⋯⋯⋯279
台灣前胡⋯⋯⋯⋯⋯210
台灣厚距花⋯⋯⋯⋯⋯277
台灣胡麻花⋯⋯⋯35, 216, 261
台灣烏頭⋯⋯⋯⋯⋯215
台灣茶藨子⋯⋯⋯⋯⋯301
台灣草莓⋯⋯⋯⋯⋯25
台灣草紫陽花⋯⋯⋯⋯⋯211
台灣馬桑⋯⋯⋯⋯⋯119
台灣馬兜鈴⋯⋯⋯⋯⋯111
台灣馬醉木⋯⋯⋯⋯52, 226
台灣假山葵⋯⋯⋯⋯⋯291
台灣菫菜⋯⋯⋯⋯⋯162
台灣雀麥⋯⋯⋯⋯⋯296
台灣魚藤⋯⋯⋯⋯⋯46
台灣喜普鞋蘭⋯⋯⋯⋯⋯280
台灣掌葉槭⋯⋯⋯⋯⋯174
台灣款冬⋯⋯⋯⋯⋯261
台灣紫珠⋯⋯⋯⋯⋯193
台灣華山松⋯⋯⋯⋯53, 126
台灣萍蓬草⋯⋯⋯⋯⋯40
台灣雲杉⋯⋯⋯⋯66, 104
台灣黃芩⋯⋯⋯⋯⋯194
台灣黃藤⋯⋯⋯⋯⋯31
台灣黃鵪菜⋯⋯⋯⋯145, 199
台灣喇叭草⋯⋯⋯⋯214, 288
台灣圓腺蕨⋯⋯⋯⋯⋯18
台灣筷子芥⋯⋯⋯⋯⋯56
台灣檞木⋯⋯⋯⋯⋯131
台灣膠木⋯⋯⋯⋯⋯21
台灣樹參⋯⋯⋯⋯272, 273
台灣穗花杉⋯⋯⋯⋯⋯118
台灣簀藻⋯⋯⋯⋯⋯42
台灣繡線菊⋯⋯⋯⋯⋯271
台灣寶鐸花⋯⋯⋯⋯⋯216
台灣懸鉤子⋯⋯⋯⋯⋯120
台灣蘋果⋯⋯⋯⋯⋯91
台灣魔芋⋯⋯⋯⋯⋯253
台灣欒樹⋯⋯⋯⋯55, 92
四季豆⋯⋯⋯⋯⋯230
四季秋海棠⋯⋯⋯⋯⋯238
尼泊爾蓼⋯⋯⋯⋯64, 152
布袋蓮⋯⋯⋯⋯⋯40
平原菟絲子⋯⋯⋯⋯32, 111
正榕⋯⋯⋯⋯58, 78, 80
玉山山奶草⋯⋯⋯⋯⋯134
玉山佛甲草⋯⋯⋯⋯⋯35
玉山杜鵑⋯⋯⋯⋯⋯257
玉山卷耳⋯⋯⋯⋯⋯265
玉山抱莖籟蕭⋯⋯⋯⋯⋯105

玉山肺形草⋯⋯⋯⋯32, 128
玉山金梅⋯⋯⋯⋯⋯184
玉山金絲桃⋯⋯⋯⋯⋯235
玉山柳⋯⋯⋯⋯⋯208
玉山鹿蹄草⋯⋯⋯⋯⋯263
玉山圓柏⋯⋯⋯⋯⋯150
玉山當歸⋯⋯⋯⋯273, 298
玉山箭竹⋯⋯⋯⋯⋯78
玉山舖地蜈蚣⋯⋯⋯⋯⋯23
玉山龍膽⋯⋯⋯⋯⋯257
玉山蠅子草⋯⋯⋯⋯⋯240
玉米⋯⋯⋯⋯22, 315
玉蜀黍⋯⋯⋯⋯22, 315
玉蜂蘭⋯⋯⋯⋯⋯258
瓜子金⋯⋯⋯⋯⋯215
瓜馥木⋯⋯⋯⋯⋯192
甘薯⋯⋯⋯⋯⋯72
生芽狗脊蕨⋯⋯⋯⋯⋯17
田代氏澤蘭⋯⋯⋯⋯⋯159
田字草⋯⋯⋯⋯⋯173
申跋⋯⋯⋯⋯⋯270
白千層⋯⋯⋯⋯64, 87
白水木⋯⋯⋯⋯191, 196
白花八角⋯⋯⋯⋯⋯292
白花小薊⋯⋯⋯⋯⋯175
白花水龍⋯⋯⋯⋯⋯71
白花香青⋯⋯⋯⋯⋯105
白茅⋯⋯⋯⋯⋯262
白珠樹⋯⋯⋯⋯192, 220
白匏子⋯⋯⋯⋯⋯53
白絨懸鉤子⋯⋯⋯⋯⋯186
白菜⋯⋯⋯⋯⋯166
白榕⋯⋯⋯⋯⋯58
白雞油⋯⋯⋯⋯⋯184
石蓮花⋯⋯⋯⋯⋯197

六畫

伏生大戟⋯⋯⋯⋯⋯107
伏石蕨⋯⋯⋯⋯47, 117
光果龍葵⋯⋯⋯⋯⋯301
光風輪⋯⋯⋯⋯⋯224
光蠟樹⋯⋯⋯⋯⋯184
全緣卷柏⋯⋯⋯⋯⋯15
印度茄⋯⋯⋯⋯165, 301
印度莕菜⋯⋯⋯⋯⋯43
印度橡膠樹⋯⋯⋯⋯⋯80
印度鞭藤⋯⋯⋯⋯⋯31
合果芋⋯⋯⋯⋯⋯75
吉貝棉⋯⋯⋯⋯77, 90
向日葵⋯⋯⋯⋯274, 299

地瓜⋯⋯⋯⋯⋯⋯⋯⋯⋯72
地刷子⋯⋯⋯⋯⋯⋯⋯151
地錢草⋯⋯⋯⋯⋯⋯⋯197
地錦⋯⋯⋯⋯⋯⋯110, 190
尖尾鳳⋯⋯⋯⋯⋯⋯54, 318
尖瓣花⋯⋯⋯⋯⋯⋯⋯234
扛板歸⋯⋯⋯⋯⋯141, 189
早熟禾⋯⋯⋯⋯⋯⋯⋯127
朱頂紅⋯⋯⋯⋯⋯⋯⋯251
朱槿⋯⋯⋯⋯120, 243, 253
江某⋯⋯⋯⋯⋯⋯66, 182
灰葉蕷⋯⋯⋯⋯⋯⋯⋯191
百香果⋯⋯⋯32, 171, 214, 317
竹仔菜⋯⋯⋯⋯⋯⋯⋯73
竹柏⋯⋯⋯⋯⋯⋯⋯193
竹葉菜⋯⋯⋯⋯⋯⋯⋯93
米碎柃木⋯⋯⋯⋯⋯⋯59
羊奶頭⋯⋯⋯⋯⋯⋯⋯275
羊蹄⋯⋯⋯⋯⋯⋯⋯166
羊蹄甲⋯⋯⋯202, 206, 237
耳葉莢蒾⋯⋯⋯⋯⋯⋯30
艾⋯⋯⋯⋯⋯⋯⋯⋯172
血桐⋯⋯⋯⋯⋯⋯138, 201
血藤⋯⋯⋯⋯⋯⋯30, 293
西洋蒲公英⋯⋯⋯⋯⋯70
西番蓮⋯⋯⋯32, 171, 214, 317

七畫

忍冬⋯⋯⋯⋯⋯⋯⋯110
串鼻龍⋯⋯⋯⋯⋯⋯⋯277
串錢草⋯⋯⋯⋯⋯⋯⋯189
佛氏通泉草⋯⋯⋯⋯⋯199
克魯茲王蓮⋯⋯⋯⋯⋯140
冷飯藤⋯⋯⋯⋯⋯⋯⋯279
含羞草⋯⋯⋯⋯⋯⋯⋯168
呂宋莢蒾⋯⋯⋯⋯⋯⋯28
旱田草⋯⋯⋯⋯⋯⋯⋯193
李⋯⋯⋯⋯⋯⋯⋯⋯260
杜英⋯⋯⋯⋯⋯⋯⋯163
杜虹花⋯⋯⋯⋯⋯⋯⋯193
芋頭⋯⋯⋯⋯⋯⋯⋯97
芒果⋯⋯⋯⋯⋯⋯⋯210
角仔藤⋯⋯⋯⋯⋯⋯⋯31
車前草⋯⋯⋯⋯⋯199, 289

八畫

兔尾草⋯⋯⋯⋯⋯⋯⋯266
刺柏⋯⋯⋯⋯⋯⋯150, 309
刺茄⋯⋯⋯⋯⋯⋯⋯248
刺莓⋯⋯⋯⋯⋯⋯⋯236

刺萼寒莓⋯⋯⋯⋯139, 306
刺蓼⋯⋯⋯⋯⋯⋯⋯149
刺蕨⋯⋯⋯⋯⋯⋯⋯18
坪林秋海棠⋯⋯23, 234, 276
姑婆芋⋯⋯⋯164, 212, 241
孟宗竹⋯⋯⋯⋯⋯⋯⋯36
孤挺花⋯⋯⋯⋯⋯⋯⋯251
岩大戟⋯⋯⋯⋯⋯⋯⋯278
岩生秋海棠⋯⋯⋯109, 232
披針葉肺形草⋯⋯⋯32, 128
抱樹蕨⋯⋯⋯⋯⋯⋯47, 117
拎樹藤⋯⋯⋯⋯⋯⋯⋯175
昆欄樹⋯⋯⋯⋯⋯39, 61, 292
東亞大角蘚⋯⋯⋯⋯⋯12
松葉蕨⋯⋯⋯⋯⋯⋯⋯15
枇杷葉灰木⋯⋯⋯⋯⋯281
武竹⋯⋯⋯⋯⋯⋯⋯72
武威山枇杷⋯⋯⋯⋯⋯267
油桐⋯⋯⋯⋯⋯⋯⋯37
油菜⋯⋯⋯⋯⋯⋯⋯55
油跋⋯⋯⋯⋯⋯⋯⋯270
法國菊⋯⋯⋯⋯⋯⋯⋯259
泡果薹⋯⋯⋯⋯⋯⋯⋯136
波葉山螞蝗⋯⋯⋯⋯⋯244
爬森藤⋯⋯⋯⋯⋯⋯⋯318
爬牆虎⋯⋯⋯⋯⋯⋯110, 190
狗尾草⋯⋯⋯⋯⋯⋯⋯279
狗骨仔⋯⋯⋯⋯⋯⋯⋯238
肥豬豆⋯⋯⋯⋯⋯⋯⋯286
肯氏南洋杉⋯⋯⋯⋯⋯319
芡⋯⋯⋯⋯⋯⋯⋯⋯140
芫荽⋯⋯⋯⋯⋯⋯⋯273
花豆⋯⋯⋯⋯⋯⋯⋯313
虎耳草⋯⋯⋯⋯⋯⋯⋯139
虎婆刺⋯⋯⋯⋯⋯⋯⋯201
金稜邊蘭⋯⋯⋯⋯⋯⋯127
金腰箭舅⋯⋯⋯⋯⋯⋯105
金劍草⋯⋯⋯⋯⋯⋯⋯194
金銀花⋯⋯⋯⋯⋯⋯⋯110
金線草⋯⋯⋯⋯⋯⋯⋯96
金蓮花⋯⋯⋯⋯⋯⋯⋯140
金錦香⋯⋯⋯⋯⋯⋯⋯132
金露花⋯⋯⋯⋯⋯⋯⋯54
長行天南星⋯⋯⋯241, 270
長尾柯⋯⋯⋯⋯⋯⋯⋯310
長尾栲⋯⋯⋯⋯⋯⋯⋯310
長序木通⋯⋯⋯⋯⋯⋯208
長梗花蜈蚣⋯⋯⋯⋯⋯246
長距根節蘭⋯⋯⋯⋯⋯229
長穗木⋯⋯⋯⋯⋯⋯⋯268

阿里山千金榆…………………161
阿里山天胡荽…………………272
阿里山水龍骨……………………14
阿里山舌蕨……………………116
阿里山卷耳……………………217
阿里山葵………………………272
阿里山椶榆……………………294
阿里山落新婦……………………57
阿里山龍膽……………………214
阿里山繁縷……………………143
阿里山櫻花……………………206
阿勃勒……………………249, 264
青剛櫟……………………74, 128
青楓……………………83, 169, 294

九畫

俄氏草……………………62, 221
南五味子………………………306
南天竹…………………………188
南台灣秋海棠…………………212
南投寶鐸花……………………123
南洋紅豆杉……………………317
南洋桫欏………………………188
南國小薊………………………152
南湖柳葉菜……………………280
厚皮香…………………………249
厚葉柃木…………………132, 213
厚葉牽牛…………………………33
厚壁蕨…………………………177
咬人狗…………………………121
哈哼花…………………………246
垂榕……………………………58
恆春金午時花…………………107
恆春桑寄生………………………76
恆春鉤藤………………………201
恆春薯蕷………………………62
扁柏……………………………20
施丁草……………………223, 288
昭和草…………………………299
柔毛樓梯草………………………25
柘樹……………………………158
柚子……………………180, 302
柚葉藤……………………47, 180
柿葉茶茱萸……………………192
洋紅風鈴木……………………182
洋紫荊…………………………170
洋落葵……………………55, 62
流蘇樹……………………178, 277
珊瑚刺桐…………………244, 266
珊瑚珠…………………………52

相思樹……………………34, 130
禺毛茛……………………198, 306
紅仔珠…………………………133
紅豆……………………………316
紅楠……………………61, 89, 267
紅嘉花……………………191, 227
紅檜……………………………151
紅藤仔草………………………67
美人柑…………………………302
美人樹……………………90, 243
胡氏懸鈎子……………………174
胡桐……………………………158
苗栗崖爬藤……………………181
苦瓜……………………………303
苦林盤…………………………51
苦苓舅……………………55, 92
苦菜……………………………153
苦楝……………………………27
苦滇菜…………………………153
茄冬……………………27, 181, 304
風箱樹……………………274, 307
風輪菜…………………………168
風藤……………………66, 158
香青……………………………150
香椿……………………………24
香葉樹…………………………121
香蕉……………………63, 124

十畫

倒地鈴……………………………95
唐棉……………………………318
島田氏月桃……………………258
扇羽陰地蕨………………………13
栓皮櫟…………………………287
桂花……………………………133
桃實百日青……………………311
桑椹……………………………307
桔梗蘭…………………………254
浮水蓮花…………………………40
海茄苳…………………………81
海埔姜…………………………51
海馬齒…………………………106
海檬果……………………52, 129, 265
烏心石…………………………34
烏毛蕨……………………17, 18
烏來月桃………………………124
烏來杜鵑………………………28
烏來柯…………………………310
烏腳綠竹………………………102
狹萼豆蘭………………………100

335

狹葉櫟⋯⋯⋯⋯⋯⋯⋯⋯310
琉球野薔薇⋯⋯⋯⋯⋯⋯280
益母草⋯⋯⋯⋯⋯⋯⋯⋯194
粉黃纓絨花⋯⋯⋯⋯153, 167
粉綠狐尾藻⋯⋯⋯⋯⋯⋯41
翅軸假金星蕨⋯⋯⋯⋯176
胭脂樹⋯⋯⋯⋯⋯⋯⋯⋯239
臭腥草⋯⋯⋯⋯⋯⋯⋯⋯259
茶匙黃⋯⋯⋯⋯109, 144, 197
草海桐⋯⋯⋯⋯⋯⋯⋯⋯51
荔枝⋯⋯⋯⋯⋯⋯⋯316, 317
酒瓶椰子⋯⋯⋯⋯⋯⋯173
釘頭果⋯⋯⋯⋯⋯⋯⋯⋯318
馬利筋⋯⋯⋯⋯⋯⋯54, 318
馬拉巴栗⋯⋯⋯⋯⋯⋯245
馬鈴薯⋯⋯⋯⋯⋯⋯⋯⋯96
馬鞍藤⋯⋯⋯⋯⋯⋯50, 225
馬蹄金⋯⋯⋯⋯⋯⋯⋯⋯139
馬藻⋯⋯⋯⋯⋯⋯⋯⋯⋯42
馬櫻丹⋯⋯⋯⋯⋯⋯54, 271
高山白珠樹⋯⋯⋯⋯⋯226
高山沙參⋯⋯⋯⋯⋯⋯222
高山珠蕨⋯⋯⋯⋯⋯⋯177
高山破傘菊⋯⋯⋯⋯⋯172
高山越橘⋯⋯⋯⋯⋯⋯226
高山當藥⋯⋯⋯⋯⋯⋯233
高山鴨腳木⋯⋯⋯⋯⋯182
高山薔薇⋯⋯⋯⋯⋯90, 160
高山鐵線蓮⋯⋯⋯⋯⋯276
高山露珠草⋯⋯⋯⋯⋯96
高氏桑寄生⋯⋯⋯⋯⋯48
高粱泡⋯⋯⋯⋯⋯⋯⋯267
鬼石櫟⋯⋯⋯178, 208, 269

十一畫

假石松⋯⋯⋯⋯⋯⋯⋯282
假馬蹄草⋯⋯⋯⋯⋯⋯162
假藿香薊⋯⋯⋯⋯⋯⋯143
匙葉鼠麴草⋯⋯⋯⋯⋯144
基隆筷子芥⋯⋯⋯⋯⋯247
基隆澤蘭⋯⋯⋯⋯⋯⋯26
密花苧麻⋯⋯⋯⋯160, 265
崖薑蕨⋯⋯⋯⋯⋯⋯⋯16
彩雲閣⋯⋯⋯⋯⋯⋯⋯94
情人菊⋯⋯⋯⋯⋯⋯⋯175
捲毛秋海棠⋯⋯⋯⋯⋯232
梅花草⋯⋯⋯⋯⋯⋯⋯235
梅峰雙葉蘭⋯⋯⋯⋯⋯141
梔子花⋯⋯⋯⋯⋯⋯⋯129
梜木⋯⋯⋯⋯⋯⋯⋯⋯178

梨⋯⋯⋯⋯⋯⋯⋯⋯⋯300
毬蘭⋯⋯⋯⋯⋯⋯⋯⋯228
清水圓柏⋯⋯⋯⋯⋯⋯114
焊菜⋯⋯⋯⋯145, 218, 290
異葉山葡萄⋯⋯⋯⋯⋯122
異葉木犀⋯⋯⋯⋯⋯⋯281
異蕊草⋯⋯⋯⋯⋯⋯⋯127
細梗絡石⋯⋯⋯⋯⋯⋯227
細葉真苔⋯⋯⋯⋯⋯⋯12
細葉蕗蕨⋯⋯⋯⋯⋯⋯177
細葉蘭花參⋯⋯⋯⋯⋯106
荷蓮豆草⋯⋯⋯⋯⋯⋯240
荸薺⋯⋯⋯⋯⋯⋯⋯⋯97
蛇莓⋯⋯⋯⋯⋯⋯⋯⋯109
蛇蘚⋯⋯⋯⋯⋯⋯⋯⋯12
通泉草⋯⋯⋯⋯⋯224, 246
野木藍⋯⋯⋯⋯⋯179, 184
野毛蕨⋯⋯⋯⋯⋯⋯⋯16
野牡丹⋯⋯⋯⋯⋯128, 260
野核桃⋯⋯⋯⋯⋯⋯⋯186
野桐⋯⋯⋯⋯⋯⋯⋯⋯65
野棉花⋯⋯⋯⋯⋯⋯⋯298
野菰⋯⋯⋯⋯⋯⋯⋯⋯48
野蕎麥⋯⋯⋯⋯⋯⋯64, 152
雀榕⋯⋯⋯⋯⋯⋯⋯58, 132
魚腥草⋯⋯⋯⋯⋯⋯⋯259
鹿谷秋海棠⋯⋯⋯⋯⋯21
鹿場毛茛⋯⋯⋯⋯⋯⋯233

十二畫

喜岩堇菜⋯⋯⋯⋯⋯⋯162
戟葉田薯⋯⋯⋯⋯⋯⋯62
戟葉蓼⋯⋯⋯⋯⋯⋯⋯149
掌葉毛茛⋯⋯⋯⋯⋯⋯169
提琴葉榕⋯⋯⋯⋯⋯⋯146
斑葉毬蘭⋯⋯⋯⋯⋯⋯256
棋盤腳樹⋯⋯⋯⋯45, 286
森氏紅淡比⋯⋯⋯⋯⋯135
樓蘭山杜鵑⋯⋯⋯⋯⋯254
無刺伏牛花⋯⋯⋯⋯⋯221
無柄金絲桃⋯⋯⋯⋯⋯64
無根草⋯⋯⋯⋯⋯⋯⋯29
無梗忍冬⋯⋯⋯⋯⋯⋯134
猩猩草⋯⋯⋯⋯⋯⋯⋯146
番仔藤⋯⋯⋯⋯111, 173, 225
番龍眼⋯⋯⋯⋯⋯⋯⋯179
短柄卵果蕨⋯⋯⋯⋯⋯176
短柄金絲桃⋯⋯⋯⋯⋯64
短柱山茶⋯⋯⋯⋯⋯⋯163
短葉水蜈蚣⋯⋯⋯⋯⋯102

稀子蕨⋯⋯⋯⋯⋯⋯⋯⋯⋯⋯⋯60
筆筒樹⋯⋯⋯⋯⋯⋯⋯⋯⋯⋯⋯88
筆頭蛇菰⋯⋯⋯⋯⋯⋯⋯⋯⋯⋯48
紫花酢漿草⋯⋯⋯⋯⋯72, 98, 137
紫花鳳仙花⋯⋯⋯⋯⋯⋯⋯⋯257
紫花藿香薊⋯⋯⋯⋯⋯⋯⋯⋯⋯38
紫苞舌蘭⋯⋯⋯⋯⋯⋯⋯⋯⋯125
紫紋捲瓣蘭⋯⋯⋯⋯⋯⋯⋯⋯⋯99
紫陽花⋯⋯⋯⋯⋯⋯⋯⋯⋯⋯211
紫萼蝴蝶草⋯⋯⋯⋯⋯⋯⋯⋯246
紫葉酢漿草⋯⋯⋯⋯⋯⋯⋯⋯142
紫薇⋯⋯⋯⋯⋯⋯⋯⋯⋯⋯⋯236
紫藤⋯⋯⋯⋯⋯⋯⋯⋯⋯⋯⋯36
絡石⋯⋯⋯⋯⋯⋯⋯⋯⋯⋯⋯30
絨葉合果芋⋯⋯⋯⋯⋯⋯⋯⋯148
菊花木⋯⋯⋯⋯⋯⋯14, 170, 237
菜欒藤⋯⋯⋯⋯⋯⋯⋯⋯⋯⋯225
菟絲子⋯⋯⋯⋯⋯⋯⋯⋯⋯⋯76
菩提樹⋯⋯⋯⋯⋯⋯⋯⋯⋯⋯113
華八仙⋯⋯⋯⋯⋯⋯⋯⋯⋯⋯211
華中瘤足蕨⋯⋯⋯⋯⋯⋯⋯⋯117
華他卡藤⋯⋯⋯⋯⋯⋯⋯228, 292
菱⋯⋯⋯⋯⋯⋯⋯⋯⋯⋯⋯⋯44
菱形奴草⋯⋯⋯⋯⋯⋯⋯⋯⋯76
菱葉柿⋯⋯⋯⋯⋯⋯⋯⋯⋯143
菲島福木⋯⋯⋯⋯⋯⋯⋯⋯245
萎蕤⋯⋯⋯⋯⋯⋯⋯⋯⋯⋯125
著生杜鵑⋯⋯⋯⋯⋯⋯⋯⋯254
裂葉艾納香⋯⋯⋯⋯⋯⋯⋯⋯145
裂葉秋海棠⋯⋯⋯⋯⋯⋯⋯⋯100
酢漿草⋯⋯⋯⋯⋯⋯⋯⋯⋯137
雲葉⋯⋯⋯⋯⋯⋯⋯39, 61, 292
黃肉樹⋯⋯⋯⋯⋯⋯⋯⋯⋯255
黃杉⋯⋯⋯⋯⋯⋯⋯⋯⋯⋯⋯24
黃杞⋯⋯⋯⋯⋯⋯⋯⋯⋯⋯295
黃果龍葵⋯⋯⋯⋯⋯⋯⋯⋯⋯38
黃花月見草⋯⋯⋯⋯⋯⋯⋯⋯198
黃花著生杜鵑⋯⋯⋯⋯⋯⋯⋯254
黃花過長沙舅⋯⋯⋯⋯⋯⋯⋯25
黃花鼠尾草⋯⋯⋯⋯⋯⋯⋯⋯149
黃花鳳仙花⋯⋯⋯⋯⋯⋯⋯⋯229
黃金葛⋯⋯⋯⋯⋯⋯⋯⋯⋯⋯75
黃連木⋯⋯⋯⋯⋯⋯⋯⋯⋯185
黃蛾蘭⋯⋯⋯⋯⋯⋯⋯⋯⋯⋯79
黃槐⋯⋯⋯⋯⋯⋯⋯⋯⋯⋯185
黑板樹⋯⋯⋯⋯⋯⋯⋯⋯89, 195
黑果馬㾕兒⋯⋯⋯⋯⋯⋯⋯⋯29
黑斑龍膽⋯⋯⋯⋯⋯⋯⋯⋯220

十三畫

圓果金柑⋯⋯⋯⋯⋯⋯⋯⋯302
圓果秋海棠⋯⋯⋯⋯⋯118, 207
圓葉豬殃殃⋯⋯⋯⋯⋯⋯⋯195
圓葉鴨跖草⋯⋯⋯⋯⋯⋯⋯⋯93
塔花⋯⋯⋯⋯⋯⋯⋯⋯⋯⋯224
奧氏虎皮楠⋯⋯⋯⋯⋯⋯⋯196
幹花榕⋯⋯⋯⋯⋯⋯⋯⋯⋯283
愛玉子⋯⋯⋯⋯⋯⋯⋯⋯⋯275
慈姑⋯⋯⋯⋯⋯⋯⋯⋯⋯⋯299
新竹風蘭⋯⋯⋯⋯⋯⋯⋯⋯⋯79
新店當藥⋯⋯⋯⋯⋯⋯⋯⋯⋯65
楊桃⋯⋯⋯⋯⋯⋯⋯⋯⋯⋯179
楓香⋯⋯⋯⋯⋯⋯⋯⋯⋯82, 160
楝⋯⋯⋯⋯⋯⋯⋯⋯⋯⋯⋯27
溪頭捲瓣蘭⋯⋯⋯⋯⋯⋯57, 215
溼地松⋯⋯⋯⋯⋯⋯⋯⋯⋯126
煉莢豆⋯⋯⋯⋯⋯⋯⋯⋯⋯244
猿尾藤⋯⋯⋯⋯⋯⋯⋯⋯⋯294
稜果榕⋯⋯⋯⋯⋯⋯⋯⋯⋯308
聖誕紅⋯⋯⋯⋯⋯⋯⋯⋯⋯278
腰只花⋯⋯⋯⋯⋯⋯⋯⋯⋯116
落羽杉⋯⋯⋯⋯⋯⋯⋯⋯⋯⋯81
落羽松⋯⋯⋯⋯⋯⋯⋯⋯⋯⋯81
落葵⋯⋯⋯⋯⋯⋯⋯⋯268, 297
葫蘆茶⋯⋯⋯⋯⋯⋯⋯⋯⋯180
葶藶⋯⋯⋯⋯⋯⋯⋯⋯⋯⋯290
蛺蝶花⋯⋯⋯⋯⋯⋯⋯⋯⋯237
蜂草⋯⋯⋯⋯⋯⋯⋯⋯⋯⋯221
裡白葉薯榔⋯⋯⋯⋯⋯⋯⋯319
過山龍（石松科）⋯⋯⋯⋯⋯67
過山龍（茜草科）⋯⋯⋯⋯⋯67
過山龍（菊科）⋯⋯⋯⋯⋯⋯67
鈴木氏鳳尾蕨⋯⋯⋯⋯⋯⋯⋯17
鈴木氏薊⋯⋯⋯⋯⋯⋯⋯⋯152
鈴木油點草⋯⋯⋯⋯⋯⋯⋯⋯22
鈴木草⋯⋯⋯⋯⋯⋯⋯⋯⋯162
雷公根⋯⋯⋯⋯⋯73, 108, 167

十四畫

團扇蕨⋯⋯⋯⋯⋯⋯⋯⋯⋯147
摺疊羊耳蘭⋯⋯⋯⋯⋯⋯⋯⋯99
榕樹⋯⋯⋯⋯⋯⋯⋯58, 78, 80
構樹⋯⋯⋯⋯⋯⋯⋯⋯213, 269
滿江紅⋯⋯⋯⋯⋯⋯⋯⋯⋯⋯44
漏盧⋯⋯⋯⋯⋯⋯⋯⋯⋯⋯274
漢氏山葡萄⋯⋯⋯⋯⋯⋯⋯167
瑪瑙珠⋯⋯⋯⋯⋯⋯⋯⋯⋯⋯38
福木⋯⋯⋯⋯⋯⋯⋯⋯⋯⋯245
管唇蘭⋯⋯⋯⋯⋯⋯⋯⋯⋯⋯46

綠豆‥‥‥‥‥‥‥‥‥‥‥‥‥‥‥23
綠花寶石蘭‥‥‥‥‥‥‥‥‥‥99
綿棗兒‥‥‥‥‥‥‥‥98, 252, 288
蜘蛛蘭‥‥‥‥‥‥‥‥‥‥‥‥‥79
蜜蜂花‥‥‥‥‥‥‥‥‥‥‥‥221
裸瓣瓜‥‥‥‥‥‥‥‥‥‥‥‥303
銀杏‥‥‥‥‥‥‥‥‥‥‥39, 147
銀葉樹‥‥‥‥‥‥‥‥‥‥‥‥‥77
銀鈴蟲蘭‥‥‥‥‥‥‥‥‥‥136
鳳梨‥‥‥‥‥‥‥‥‥‥‥‥‥‥63
鳳眼蓮‥‥‥‥‥‥‥‥‥‥‥‥‥40

十五畫

劉氏薹‥‥‥‥‥‥‥‥‥‥‥‥‥13
墨水樹‥‥‥‥‥‥‥‥‥‥‥‥185
廣葉軟葉蘭‥‥‥‥‥‥‥‥‥263
楓葉牽牛‥‥‥‥‥‥111, 173, 225
槭樹‥‥‥‥‥‥‥‥‥‥‥‥‥165
樟樹‥‥‥‥‥‥‥‥‥‥‥27, 114
皺葉山蘇花‥‥‥‥‥‥‥‥‥164
皺葉萵苣‥‥‥‥‥‥‥‥‥‥166
箭葉蓼‥‥‥‥‥‥‥‥‥‥‥148
緬梔‥‥‥‥‥‥‥‥‥‥‥‥‥36
蓬萊珍珠菜‥‥‥‥‥‥‥‥‥223
蓬萊蹄蓋蕨‥‥‥‥‥‥‥‥‥‥17
蓮子草‥‥‥‥‥‥‥‥‥‥‥106
蓮華池山龍眼‥‥‥‥‥‥‥‥264
蓮葉桐‥‥‥‥‥‥‥‥‥24, 138
蕹菜‥‥‥‥‥‥‥‥‥‥‥‥‥218
蔓蟲豆‥‥‥‥‥‥‥‥‥‥‥‥33
蔥蘭‥‥‥‥‥‥‥‥‥‥‥‥251
蘄艾‥‥‥‥‥‥‥‥‥‥‥‥‥28
褐毛柳‥‥‥‥‥‥‥‥‥‥‥207
豬母乳‥‥‥‥‥‥‥‥‥‥‥283
豬腳楠‥‥‥‥‥‥‥‥61, 89, 267
齒葉矮冷水麻‥‥‥‥‥‥‥‥‥56

十六畫

曇花‥‥‥‥‥‥‥‥‥‥‥‥101
燈稱花‥‥‥‥‥‥‥‥‥‥‥131
燈豎杇‥‥‥‥‥‥‥‥‥‥‥248
燕尾蕨‥‥‥‥‥‥‥‥‥‥‥170
獨行菜‥‥‥‥‥‥‥‥‥‥‥291
蕃藷‥‥‥‥‥‥‥‥‥‥‥‥‥72
錫杖花‥‥‥‥‥‥‥‥‥‥‥‥49
頷垂豆‥‥‥‥‥‥‥‥‥‥‥293
鴛鴦湖燈心草‥‥‥‥‥‥‥‥102
鴨舌草‥‥‥‥‥‥‥‥‥‥‥‥41
鴨兒芹‥‥‥‥‥‥‥‥‥‥‥161
龍葵‥‥‥‥‥‥‥‥‥‥‥‥223

十七畫

濱大戟‥‥‥‥‥‥‥‥‥‥‥278
濱防風‥‥‥‥‥‥‥‥‥‥‥‥50
濱豇豆‥‥‥‥‥‥‥‥‥‥‥219
濱旋花‥‥‥‥‥‥‥‥‥‥‥‥33
濱萊蕨‥‥‥‥‥‥‥‥‥247, 290
濱榕‥‥‥‥‥‥‥‥‥‥‥‥146
穗花八寶‥‥‥‥‥‥‥‥‥‥242
穗花佛甲草‥‥‥‥‥‥‥‥‥242
穗花棋盤腳‥‥‥‥‥209, 266, 284
縮羽鐵角蕨‥‥‥‥‥‥‥‥‥‥18
繁花薯豆‥‥‥‥‥‥‥‥‥‥120
翼柄花椒‥‥‥‥‥‥‥‥91, 183
蕺菜‥‥‥‥‥‥‥‥‥‥‥‥259
薄葉碎米蕨‥‥‥‥‥‥‥‥‥188
薄葉蜘蛛抱蛋‥‥‥‥‥‥‥‥222
薏苡‥‥‥‥‥‥‥‥‥‥‥‥200
薑‥‥‥‥‥‥‥‥‥‥‥‥‥100
薜荔‥‥‥‥‥‥‥31, 75, 110, 275
闊片烏蕨‥‥‥‥‥‥‥‥‥1765

十八畫

檬果‥‥‥‥‥‥‥‥‥‥‥‥210
瀑布鐵角蕨‥‥‥‥‥‥‥‥‥130
繡球花‥‥‥‥‥‥‥‥‥‥‥211
翹距根節蘭‥‥‥‥‥‥‥‥‥125
薺‥‥‥‥‥‥‥‥‥‥‥‥‥291
藍睡蓮‥‥‥‥‥‥‥‥‥‥‥‥43
雙花龍葵‥‥‥‥‥‥‥‥‥‥300
雙面刺‥‥‥‥‥‥‥‥‥‥‥183
雙扇蕨‥‥‥‥‥‥‥‥‥‥‥147
雙輪瓜‥‥‥‥‥‥‥‥‥‥‥303
雞母珠‥‥‥‥‥‥‥‥‥293, 316
雞屎藤‥‥‥‥‥‥‥‥‥‥‥‥26
雞蛋花‥‥‥‥‥‥‥‥‥‥‥‥36
鵝掌柴‥‥‥‥‥‥‥‥‥‥66, 182
鵝掌藤‥‥‥‥‥‥‥‥‥‥‥182

十九畫

瓊崖海棠‥‥‥‥‥‥‥‥‥‥158
蠍子草‥‥‥‥‥‥‥‥‥‥‥268
霧社木薑子‥‥‥‥‥‥‥‥‥255
類雛菊飛蓬‥‥‥‥‥‥‥‥‥144
鵲不踏‥‥‥‥‥‥‥‥‥‥‥187
麒麟花‥‥‥‥‥‥‥‥‥‥‥‥91

二十畫

寶島羊耳蒜‥‥‥‥‥‥‥‥‥200
蘆竹藤‥‥‥‥‥‥‥‥‥‥‥‥31
蘇鐵‥‥‥‥‥‥‥‥‥‥20, 256

蘋果…………………………305
鐘萼木…………………………287
麵包樹…………………………77, 307

二十一畫
櫸……………………………103
蘭嶼土沉香……………………196
蘭嶼落葉榕……………………308
蘭嶼羅漢松………………282, 311
蘭嶼蘋婆………………………87
蠟著頦蘭………………………47
鐵十字秋海棠…………………239
鐵色…………………………130
鐵莧菜…………………………258
鐵線蕨葉人字果………………57

二十二畫
巒大秋海棠……………………100
巒大當藥………………………250

二十三畫
鱗芽裏白………………………6 1

二十四畫
鱧腸…………………………93, 241

二十五畫
欖仁…………………………135
欖仁舅…………………………121
觀音棕竹………………………172

二十八畫
豔紅百合………………………251
豔紅鹿子百合…………………251

收錄植物學名索引

A

Abies kawakamii (Hayata) T. Itô 台灣冷杉··········
··104, 309

Abrus precatorius L. 雞母珠··········293, 316

Abutilon crispum (L.) Medik. 泡果苘··········136

Acacia confusa Merr. 相思樹··········34, 130

Acalypha australis L. 鐵莧菜··········258

Acer albopurpurascens Hayata var. *formosanum* (Hayata ex Koidz.) C.Y. Tzeng & S.F. Huang 台灣三角楓··········35, 171, 217

Acer palmatum Thunb. var. *pubescens* H.L. Li 台灣掌葉楓··········174

Acer serrulatum Hayata 青楓··········83, 169, 294

Aconitum fukutomei Hayata 台灣烏頭··········215

Actinidia rufa (Siebold & Zucc.) Planch. *ex* Miquel 山梨獼猴桃··········300

Adenanthera microsperma Teijsm. & Binn. 小實孔雀豆··········187

Adenophora morrisonensis Hayata subsp. *uehatae* (Yamam.) Lammers 高山沙參··········222

Adiantum philippense L. 半月鐵線蕨··········17

Aeginetia indica L. 野菰··········48

Ageratina adenophora (Spreng.) R.M. King & H. Rob. 假藿香薊··········143

Ageratum houstonianum Mill. 紫花藿香薊··········38

Ainsliaea secundiflor Hayata 中原氏鬼督郵··········248

Akebia longeracemosa Matsum. 長序木通（台灣木通）··········208

Aleurites montana (Lour.) Wils. 油桐（千年桐）-
··37

Alnus formosana (Burkill *ex* Forbes & Hemsl.) Makino 台灣赤楊（台灣榿木）··········131

Alocasia odora (Lodd.) Spach. 姑婆芋··········
··164, 212, 241

Alpinia intermedia Gagnep. 山月桃··········164

Alpinia shimadae Hayata 島田氏月桃··········258

Alpinia uraiensis Hayata 烏來月桃（大輪月桃）-
··124

Alpinia zerumbet (Pers.) B.L. Burtt & R.M. Sm. 月桃··········123, 200

Alstonia scholaria (L.) R. Br. 黑板樹··········89, 195

Alternanthera sessilis (L.) R. Br. 蓮子草··········106

Alysicarpus vaginalis (L.) DC. 煉莢豆··········244

Alyxia taiwanensis S.Y. Lu & Yuen P. Yang 台灣念珠藤··········227

Amentotaxus formosana Li 台灣穗花杉··········118

Amorphophallus henryi N.E. Br. 台灣魔芋··········253

Ampelopsis brevipedunculata (Maxim.) Trautv. var. *hancei* (Planch.) Rehder 漢氏山葡萄··········167

Ampelopsis glandulosa (Wall.) Momiy var. *heterophylla* (Thunb.) Momiy. 異葉山葡萄··········122

Ananas comosus (L.) Merr. 鳳梨··········63

Anaphalis morrisonicola Hayata 玉山抱莖籟簫（白花香青）··········105

Androsace umbellata (Lour.) Merr. 地錢草··········197

Anemone vitifolia Buch.-Ham. ex DC. 小白頭翁-
··209

Angelica morrisonicola Hayata 玉山當歸··········
··273, 298

Anisomeles indica (L.) Kuntze 金劍草··········194

Anoectochilus formosanus Hayata 台灣金線蓮··········
··133

Anredera cordifolia (Tenore) Steenis 洋落葵··········
··55, 62

Arabis formosana (Masam. *ex* S.F. Huang) T.S. Liu & S.S. Ying 台灣筷子芥··········56

Arabis stelleri DC. 基隆筷子芥··········247

Aralia decaisneana Hance 鵲不踏（台灣楤木）··········
··187

Araucaria cunninghamii Sweet 肯氏南洋杉··········319

Archidendron lucidum (Benth.) I.C. Nielsen 頷垂豆··········293

Argostemma solaniflorum Elmer 水冠草··········168

Arisaema consanguineum Schott 長行天南星··········
··241, 270

Arisaema grapsospadix Hayata 毛筆天南星··········270

Arisaema ringens (Thunb.) Schott 申跋（油跋）··········270

Aristolochia shimadae Hayata 台灣馬兜鈴··········111

Artemisia indica Willd. 艾（五月艾）··········172

Artocarpus communis J.R. Forst. & G. Forst. 麵包樹··········77, 307

Arundinaria usawae Hayata 包籜箭竹··········123, 296

Asclepias curassavica L. 馬利筋（尖尾鳳）··········
··54, 318

Asparagus aethiopicus L. 武竹··········72

Asparagus cochinchinensis (Lour.) Merr. 天門冬··········
··101

Aspidistra attenuata Hayata 薄葉蜘蛛抱蛋⋯⋯222

Asplenium antiquum Makino 山蘇花⋯⋯⋯⋯124

Asplenium cataractarum Rosenst 瀑布鐵角蕨⋯⋯⋯
⋯⋯⋯⋯⋯⋯⋯130

Asplenium incisum Thunb. 縮羽鐵角蕨⋯⋯⋯18

Asplenium nidus L. cv. Plicatum 皺葉山蘇花⋯⋯
⋯⋯⋯⋯⋯164

Aster formosanus Hayata 台灣山白蘭⋯⋯⋯119

Aster oldhamii Hemsl. 台灣狗娃花⋯⋯⋯105

Astilbe macroflora Hayata 阿里山落新婦（大花
落新婦）⋯⋯⋯⋯⋯57

Astronia ferruginea Elmer 大野牡丹⋯⋯⋯119

Athyrium nigripes (Blume) T. Moore 蓬萊蹄蓋蕨
⋯⋯⋯⋯⋯17

Averrhoa carambola L. 楊桃⋯⋯⋯⋯179

Avicennia marina (Forssk.) Vierh. 海茄苳⋯⋯81

Azolla pinnata R. Br. 滿江紅⋯⋯⋯44

B

Balanophora harlandii J. D. Hooker 筆頭蛇菰⋯48

Bambusa edulis (Odashima) Keng 烏腳綠竹⋯102

Barnardia japonica (Thunb.) Schult. & J.H.
Schult. 綿棗兒⋯⋯⋯⋯98, 252, 288

Barringtonia asiatica (L.) Kurz 棋盤腳樹⋯⋯⋯
⋯⋯⋯⋯⋯45, 286

Barringtonia racemosa (L.) Blume *ex* DC. 穗花棋
盤腳（水茄苳）⋯⋯⋯⋯⋯209, 266, 284

Basella alba L. 落葵⋯⋯⋯268, 297

Bauhinia championii (Benth.) Benth. 菊花木⋯⋯⋯
⋯⋯⋯⋯14, 170, 237

Bauhinia purpurea L. 洋紫荊⋯⋯⋯170

Bauhinia variegata L. 羊蹄甲⋯⋯⋯202, 206, 237

Begonia austrotaiwanensis Y.K. Chen & C. I
Peng 南台灣秋海棠⋯⋯⋯212

Begonia chuyunshanensis C. I Peng & Y.K. Chen
出雲山秋海棠⋯⋯⋯252

Begonia cirrosa L.B. Sm. & Wassh. 捲毛秋海棠⋯
⋯⋯⋯232

Begonia cucullata Willd. 四季秋海棠⋯⋯⋯238

Begonia formosana (Hayata) Masam. 水鴨腳⋯⋯⋯
⋯⋯⋯⋯⋯122, 169

Begonia longifolia Blume 圓果秋海棠⋯118, 207

Begonia lukuana Y.C. Liu & C.H. Ou 鹿谷秋海
棠⋯⋯⋯21

Begonia masoniana Irmsch. *ex* Ziesenh. 鐵十字
秋海棠⋯⋯⋯239

Begonia palmata D. Don 裂葉秋海棠（巒大秋海
棠）⋯⋯⋯100

Begonia pinglinensis C. I Peng 坪林秋海棠⋯⋯⋯
⋯⋯⋯⋯⋯23, 234, 276

Begonia ravenii C. I Peng & Y.K. Chen 岩生秋海
棠⋯⋯⋯109, 232

Bidens pilosa L. var. *minor* (Blume) Sherff 小白
花鬼針⋯⋯⋯262

Bischofia javanica Blume 茄冬⋯⋯⋯27, 181, 304

Bixa orellana L. 胭脂樹⋯⋯⋯239

Blechnum orientale L. 烏毛蕨⋯⋯⋯17, 18

Blumea laciniata (Roxb.) DC. 裂葉艾納香⋯145

Blyxa echinosperma (C.B. Clarke) Hook. 台灣簣
藻⋯⋯⋯42

Boehmeria densiflora Hook. & Arn. 密花苧麻⋯⋯
⋯⋯⋯⋯⋯160, 265

Bombax ceiba L. 木棉⋯⋯⋯115

Botrychium lunaria (L.) Sw. 扇羽陰地蕨⋯⋯⋯13

Brassica napus L. 油菜⋯⋯⋯55

Brassica rapa L. subsp. *campestris* (L.) A.R.
Clapham 白菜⋯⋯⋯166

Bretschneidera sinensis Hemsl. 鐘萼木⋯⋯⋯287

Breynia vitis-idaea (Burm. f.) C.E. Fischer 紅仔
珠（七日暈）⋯⋯⋯133

Bromus formosanus Honda 台灣雀麥⋯⋯⋯296

Broussonetia papyrifera (L.) L'Her. *ex* Vent. 構樹⋯
⋯⋯⋯⋯⋯213, 269

Bryum capillare L.*ex* Hedw. 細葉真苔⋯⋯⋯12

Bulbophyllum drymoglossum Maxim. *ex* Okubo
狹萼豆蘭⋯⋯⋯100

Bulbophyllum melanoglossum Hayata 紫紋捲瓣
蘭⋯⋯⋯99

Bulbophyllum omerandrum Hayata 毛藥捲瓣蘭
（溪頭捲瓣蘭）⋯⋯⋯57, 215

C

Caesalpinia pulcherrima (L.) Sw. 蛺蝶花⋯⋯237

Cajanus scarabaeoides (L.) du Petit-Thouars 蔓蟲
豆⋯⋯⋯33

Calamus formosanus Becc. 台灣黃藤⋯⋯⋯31

Calanthe aristulifera Rchb. f. 翹距根節蘭⋯125

Calanthe sylvatica (Thouars) Lindl. 長距根節蘭⋯
⋯⋯⋯229

Callicarpa formosana Rolfe 杜虹花（台灣紫珠）

Callitriche peploides Nutt. 凹果水馬齒·········108

Calocedrus macrolepis Kurz var. *formosana* (Florin) Cheng & L.K. Fu. 台灣肖楠······151

Calophyllum inophyllum L. 瓊崖海棠（胡桐）········158

Calyptocarpus vialis Less. 金腰箭舅·········105

Calystegia soldanella (L.) R. Br. 濱旋花·········33

Camellia brevistyla (Hayata) Coh.-Stuart 短柱山茶·········163

Camellia japonica L. 日本山茶·········250

Canavalia lineata (Thunb. ex Murray) DC. 肥豬豆·········286

Canscora lucidissima (H. Lév. & Vaniot) Hand.-Mazz. 串錢草·········189

Capparis sikkimensis Kurz subsp. *formosana* (Hemsl.) Jacobs 山柑·········131

Capsella bursa-pastoris (L.) Medic. 薺·········291

Cardamine flexuosa With. 焊菜（蔊菜）········145, 218, 290

Cardiandra alternifolia Sieb. & Zucc. 台灣草紫陽花·········211

Cardiospermum halicacabum L. 倒地鈴·········95

Carex liuii T. Koyama & T. I. Chuang 劉氏薹·········13

Carex pumila Thunb. 小海米·········50, 297

Carex sociata Boott 中國宿柱薹·········297

Carpinus kawakamii Hayata 阿里山千金榆·········161

Caryopteris incana (Thunb. ex Houtt.) Miq. 灰葉蕕·········191

Cassia fistula L. 阿勃勒·········249, 264

Cassytha filiformis L. 無根草·········29

Castanopsis carlesii (Hesml.) Hayata 長尾栲（長尾柯、卡氏櫧）········310

Castanopsis uraiana (Hayata) Kaneh. 烏來柯·········310

Ceiba pentandra (L.) Gaertn. 吉貝棉·········77, 90

Ceiba speciosa (A.St. -Hil.) Ravenna 美人樹·········90, 243

Celastrus kusanoi Hayata 大葉南蛇藤·········217

Centella asiatica (L.) Urb. 雷公根·········73, 108, 167

Centrosema pubescens Benth. 山珠豆·········219

Cephalanthus naucleoides DC. 風箱樹·········274, 307

Cerastium arisanensis Hayata 阿里山卷耳·········217

Cerastium trigynum Vill. var. *morrisonense* (Hayata) Hayata 玉山卷耳·········265

Ceratopteris thalictroides (L.) Brongn. 水蕨·········60

Cerbera manghas L. 海檬果·········52, 129, 265

Cereus peruvianus (L.) Mill. 六角柱·········94

Chamaecyparis formosensis Matsum. 紅檜·········151

Chamaecyparis taiwanensis Masam. & Suzuki 扁柏·········20

Champereia manillana (Blume) Merr. 山柚·········304

Cheilanthes tenuifolia (Burm. f.) Sw. 薄葉碎米蕨·········188

Cheilotheca humilis (D. Don) H. Keng 水晶蘭·········49, 253

Cheiropleuria bicuspis (Blume) C. Presl 燕尾蕨·········170

Chionanthus retusus Lindl. & Paxt. 流蘇樹·········178, 277

Chloranthus oldhamii Solms 台灣及已·········190

Cinnamomum camphora (L.) J. Presl 樟樹·········27, 114

Circaea alpina L. subsp. *imaicola* (Asch. & Mag.) Kitam. 高山露珠草·········96

Cirsium japonicum DC. var. *australe* Kitam. 南國小薊·········152

Cirsium japonicum DC. var. *takaoense* Kitam. 白花小薊·········175

Cirsium suzukii Kitam. 鈴木氏薊·········152

Citrus ×*tangelo* J.W. Ingram & H.E. Moore 'Minneola' 美人柑·········302

Citrus maxima (Burm.) Merr. 柚子·········180, 302

Clematis grata Wall. 串鼻龍·········277

Clematis parviloba Gard. *ex* Champ. subsp. *bartlettii* (Yamam.) T.T.A. Yang & T.C. Huang 巴氏鐵線蓮·········276

Clematis tsugetorum Ohwi 高山鐵線蓮·········276

Clerodendrum inerme (L.) Gaertn. 苦林盤·········51

Cleyera japonica Thunb. var. *morii* (Yamam.) Masam. 森氏紅淡比·········135

Clinopodium chinense (Benth.) Kuntze 風輪菜·········168

Clinopodium gracile (Benth.) Kuntze 光風輪（塔花）········224

Cocos nucifera L. 可可椰子·········45

Codonopsis kawakamii Hayata 玉山山奶草·········134

Coix lacryma-jobi L. 薏苡·········200

Colocasia esculenta (L.) Schott 芋頭·········97

Commelina benghalensis L. 圓葉鴨跖草（竹葉

菜）----------93

Commelina diffusa Burm. f. 竹仔菜----------73

Conocephalum conicum (L.) Dum. 蛇蘚----------12

Coptis quinquefolia Miq. 五葉黃連----------174, 231

Coriandrum sativum L. 芫荽----------273

Coriaria intermedia Matsum. 台灣馬桑----------119

Cotoneaster morrisonensis Hayata 玉山舖地蜈蚣----------23

Crassocephalum crepidioides (Benth.) S. Moore 昭和草----------299

Crescentia cujete L. 十字蒲瓜樹----------283

Crinum asiaticum L. 文殊蘭（文珠蘭）----------70, 256

Crossostephium chinense (L.) Makino 蘄艾----------28

Cryptogramma brunoniana Wall. *ex* Hook. & Grev. 高山珠蕨----------177

Cryptomeria japonica (L. f.) D. Don 日本柳杉----------309

Cryptotaenia japonica Hassk. 鴨兒芹----------161

Cuscuta australis R. Br. 菟絲子----------76

Cuscuta campestris Yunck. 平原菟絲子----------32, 111

Cyathea lepifera (J. Sm. *ex* Hook.) Copel. 筆筒樹----------88

Cyathea loheri H. Christ 南洋桫欏----------188

Cycas revoluta Thunb. 蘇鐵----------20, 256

Cycas taitungensis C.F. Shen, K.D. Hill, C.H. Tsou & C.J. Chen 台東蘇鐵----------13, 87, 282

Cyclosorus dentatus (Forssk.) Ching 野毛蕨----------16

Cyclosorus taiwanensis (C. Chr.) H. Ito 台灣毛蕨（台灣圓腺蕨）----------18

Cymbidium floribundum Lindl. 金稜邊蘭----------127

Cynanchum atratum Bunge 牛皮消----------228

Cypripedium formosanum Hayata 台灣喜普鞋蘭（一點紅）----------280

D

Damnacanthus angustifolius Hayata 無刺伏牛花----------221

Daphniphyllum glaucescens Bl. subsp. *oldhamii* (Hemsl.) Huang 奧氏虎皮楠----------196

Dendrocnide meyeniana (Walp.) Chew 咬人狗----------121

Dendropanax dentiger (Harms ex Diels) Merr. 台灣樹參----------272, 273

Desmodium sequax Wall. 波葉山螞蝗----------244

Dianella ensifolia (L.) DC. 桔梗蘭----------254

Dianthus chinensis L. 五彩石竹----------240

Dichocarpum adiantifolium (Hook. f. & Thoms.) W.T. Wang & P.K. Hsiao 鐵線蕨葉人字果----------57

Dichondra micrantha Urb. 馬蹄金----------139

Dioscorea cirrhosa Lour. 裡白葉薯榔----------319

Dioscorea doryphora Hance 戟葉田薯（恆春薯蕷）----------62

Diospyros rhombifolia Hemsl. 菱葉柿----------143

Diplocyclos palmatus (L.) C. Jeffrey 雙輪瓜----------303

Diplopterygium laevissimum (H. Christ) Nakai 鱗芽裏白----------61

Dipteris conjugata Reinw. 雙扇蕨----------147

Disporum cantoniense (Lour.) Merr. var. *kawakamii* (Hayata) H. Hara 台灣寶鐸花----------216

Disporum nantouense S.S. Ying 南投寶鐸花----------123

Draba sekiyana Ohwi 台灣山薺----------56

Dregea volubilis (L. f.) Benth. *ex* Hook. f. 華他卡藤----------228, 292

Drymaria diandra Blume 荷蓮豆草----------240

Drypetes littoralis (C.B. Rob.) Merr. 鐵色----------130

Duchesnea indica (Andr.) Focke 蛇莓----------109

Duranta erecta L. 金露花----------54

Dysosma pleiantha (Hance) Woodson 八角蓮----------138, 235

E

Echinops grijsii Hance 漏盧----------274

Echinopsis multiplex (Pfeiff.) Zucc. *ex* Pfeiff. & Otto 仙人球----------94

Eclipta prostrata (L.) L. 鱧腸----------93, 241

Egenolfia appendiculata (Willd.) J. Sm. 刺蕨----------18

Egeria densa Planch. 水蘊草----------42

Eichhornia crassipes (Mart.) Solms 布袋蓮（鳳眼蓮、浮水蓮花）----------40

Elaeocarpus multiflorus (Turcz.) Fern. -Vill. 繁花薯豆----------120

Elaeocarpus sylvestris (Lour.) Poir. 杜英----------163

Elaphoglossum conforme (Sw.) Schott 大葉舌蕨（阿里山舌蕨）----------116

Elatostema villosum B.L. Shih & Yuen P. Yang 柔毛樓梯草----------25

Eleocharis dulcis (Burm. f.) Trin. *ex* Hensch. 荸薺----------97

Elephantopus scaber L. 燈豎朽----------248

Emilia praetermissa Milne-Redh. 粉黃纓絨花⋯⋯
⋯⋯⋯⋯⋯⋯⋯⋯⋯⋯⋯⋯⋯⋯⋯153, 167

Engelhardtia roxburghiana Wall. 黃杞⋯⋯⋯295

Epigeneium nakaharaei (schltr.) Summerh. 蠟著
頦蘭⋯⋯⋯⋯⋯⋯⋯⋯⋯⋯⋯⋯⋯⋯⋯47

Epilobium nankotaizanense Yamam. 南湖柳葉菜⋯
⋯⋯⋯⋯⋯⋯⋯⋯⋯⋯⋯⋯⋯⋯⋯⋯280

Epiphyllum oxypetalum Haw. 曇花⋯⋯⋯⋯101

Epipremnum pinnatum (L.) Engl. cv. Aureum 黃
金葛⋯⋯⋯⋯⋯⋯⋯⋯⋯⋯⋯⋯⋯⋯⋯75

Epipremnum pinnatum (L.) Engl. *ex* Engl. &
Kraus 拎樹藤⋯⋯⋯⋯⋯⋯⋯⋯⋯⋯⋯175

Equisetum ramosissimum Desf. 木賊⋯⋯⋯⋯15

Erigeron bellioides DC. 類雛菊飛蓬⋯⋯⋯144

Eriobotrya deflexa (Hemsl.) Nakai 山枇杷⋯⋯⋯⋯
⋯⋯⋯⋯⋯⋯⋯⋯⋯⋯⋯⋯⋯⋯⋯159, 305

Eriobotrya deflexa (Hemsl.) Nakai f. buisanensis
(Hayata) Nakai 武威山枇杷⋯⋯⋯⋯⋯267

Erythrina coralloidndron L. 珊瑚刺桐⋯⋯244, 266

Euonymus japonicus Thunb. 日本衛矛⋯⋯⋯163

Eupatorium clematideum (Wall. *ex* DC.) Sch.
Bip. 田代氏澤蘭⋯⋯⋯⋯⋯⋯⋯⋯⋯⋯159

Eupatorium kiirunense (Kitam.) C.M. Ou & S.W.
Chung 基隆澤蘭⋯⋯⋯⋯⋯⋯⋯⋯⋯⋯26

Euphorbia atoto G. Forst. 濱大戟⋯⋯⋯⋯278

Euphorbia cyathophora Murray 猩猩草⋯⋯⋯146

Euphorbia jolkinii Boiss. 岩大戟（台灣大戟）⋯
⋯⋯⋯⋯⋯⋯⋯⋯⋯⋯⋯⋯⋯⋯⋯⋯278

Euphorbia milii Des Moul. 麒麟花⋯⋯⋯⋯91

Euphorbia prostrata Aiton 伏生大戟⋯⋯⋯107

Euphorbia pulcherrima Willd. *ex* Klotzsch 聖誕
紅⋯⋯⋯⋯⋯⋯⋯⋯⋯⋯⋯⋯⋯⋯⋯278

Euphorbia thymifolia L. 千根草（小飛揚草）⋯⋯
⋯⋯⋯⋯⋯⋯⋯⋯⋯⋯⋯⋯⋯⋯⋯⋯107

Euphorbia trigona Mill. 三角大戟（彩雲閣）⋯94

Eurya chinensis R. Br. 米碎柃木⋯⋯⋯⋯59

Eurya glaberrima Hayata 厚葉柃木⋯⋯132, 213

Euryale ferox Salisb. 芡⋯⋯⋯⋯⋯⋯⋯140

Euryops chrysanthemoides (DC.) B. Nord 情人菊
⋯⋯⋯⋯⋯⋯⋯⋯⋯⋯⋯⋯⋯⋯⋯⋯175

Eutrema japonica (Miq.) Koidz. 山葵⋯⋯218, 247

Excoecaria kawakamii Hayata 蘭嶼土沉香⋯196

Fagus hayatae Palib. *ex* Hayata 台灣水青岡（台
灣山毛櫸）⋯⋯⋯⋯⋯⋯⋯⋯⋯⋯⋯115

F

Farfugium japonicum (L.) Kitam. var.
formosanum (Hayata) Kitam. 台灣山菊⋯⋯⋯262

Farfugium japonicum (L.) Kitam. 山菊⋯⋯⋯261

Ficus benjamina L. 白榕（垂榕）⋯⋯⋯⋯58

Ficus caulocarpa (Miq.) Miq. 大葉雀榕⋯⋯⋯78

Ficus elastica Roxb. 印度橡膠樹⋯⋯⋯⋯80

Ficus erecta Thunb. var. *beecheyana* (Hook. &
Arn.) King 牛奶榕⋯⋯⋯⋯⋯⋯⋯⋯⋯308

Ficus fistulosa Reinw. *ex* Blume 豬母乳（水同
木）⋯⋯⋯⋯⋯⋯⋯⋯⋯⋯⋯⋯⋯⋯283

Ficus formosana Maxim. 台灣天仙果（羊奶頭）
⋯⋯⋯⋯⋯⋯⋯⋯⋯⋯⋯⋯⋯⋯⋯⋯275

Ficus lyrata Warb. 提琴葉榕⋯⋯⋯⋯⋯146

Ficus microcarpa L. f. 榕樹（正榕）⋯58, 78, 80

Ficus pumila L. 薜荔⋯⋯31, 75, 110, 275

Ficus pumila L. var. *awkeotsang* (Makino) Corner
愛玉子⋯⋯⋯⋯⋯⋯⋯⋯⋯⋯⋯⋯⋯275

Ficus religosa L. 菩提樹⋯⋯⋯⋯⋯⋯113

Ficus ruficaulis Merr. var. *antaoensis* (Hayata)
Hatus. & J.C. Liao 蘭嶼落葉榕⋯⋯⋯308

Ficus septica Burm. f. 大冇榕（稜果榕）⋯⋯308

Ficus subpisocarpa Gagnep. 雀榕（山榕）⋯⋯⋯
⋯⋯⋯⋯⋯⋯⋯⋯⋯⋯⋯⋯⋯⋯⋯58, 132

Ficus tannoensis Hayata 濱榕⋯⋯⋯⋯⋯146

Ficus triangularis Warb. 三角榕⋯⋯⋯⋯142

Ficus variegata Blume 幹花榕⋯⋯⋯⋯283

Fissistigma oldhamii (Hemsl.) Merr. 瓜馥木⋯192

Flagellaria indica L. 印度鞭藤（蘆竹藤、角仔
藤）⋯⋯⋯⋯⋯⋯⋯⋯⋯⋯⋯⋯⋯⋯31

Fortunella japonica Swingle 圓果金柑⋯⋯⋯302

Fragaria hayatae Makino 台灣草莓⋯⋯⋯25

Fraxinus griffithii C.B. Clarke 白雞油（光蠟
樹）⋯⋯⋯⋯⋯⋯⋯⋯⋯⋯⋯⋯⋯⋯184

G

Gaillardia pulchella Foug. 天人菊⋯⋯⋯37

Galeola falconeri Hook. f. 小囊山珊瑚⋯⋯49

Galium formosense Ohwi 圓葉豬殃殃⋯⋯195

Garcinia multiflora Champ. 福木⋯⋯⋯245

Garcinia subelliptica Merr. 菲島福木⋯⋯⋯245

Gardenia jasminoides J. Ellis 山黃梔（梔子花）
⋯⋯⋯⋯⋯⋯⋯⋯⋯⋯⋯⋯⋯⋯⋯⋯129

Gaulheria cumingiana Vidal 白珠樹（冬青油
樹）⋯⋯⋯⋯⋯⋯⋯⋯⋯⋯⋯⋯192, 220

Gaultheria itoana Hayata 高山白珠樹⋯⋯⋯226

Gentiana arisanensis Hayata 阿里山龍膽⋯⋯214

Gentiana scabrida Hayata 玉山龍膽⋯⋯⋯257

Gentiana scabrida Hayata var. *punctulata* S.S. Ying 黑斑龍膽⋯⋯⋯220

Ginkgo biloba L. 銀杏⋯⋯⋯⋯⋯39, 147

Girardinia diversifolia (Link) Friis 蠍子草⋯268

Glehnia littoralis F. Schmidt ex Miq. 濱防風⋯50

Gnaphalium pensylvanicum Willd. 匙葉鼠麴草⋯
⋯⋯⋯⋯144

Gomphocarpus fruticosus R. Br. 唐棉（釘頭果）⋯
⋯⋯⋯⋯318

Gonocaryum calleryanum (Baill.) Becc. 柿葉茶茱萸⋯192

Gonocormus minutus (Blume) Bosch 團扇蕨⋯⋯
⋯⋯⋯147

Gordonia axillaris (Roxb.) Dietr. 大頭茶⋯⋯⋯
⋯⋯⋯59, 249, 319

Graptopetalum paraguayense (N.E. Br.) E. Walther 石蓮花⋯⋯⋯⋯197

Gymnopetalum chinense (Lour.) Merr. 裸瓣瓜⋯
⋯⋯⋯303

Gymnosiphon aphyllus Blume 小水玉簪⋯239

H

Habenaria ciliolaris F. Kranzl. 玉蜂蘭⋯⋯⋯258

Haematoxylon campechianum L. 墨水樹⋯⋯⋯185

Helianthus annuus L. 向日葵⋯⋯⋯274, 299

Helicia formosana Hemsl. 山龍眼⋯⋯⋯295

Helicia rengetiensis Masam. 蓮華池山龍眼⋯264

Heliotropium indicum L. 狗尾草⋯⋯⋯279

Heloniopsis umbellata Baker 台灣胡麻花⋯⋯⋯
⋯⋯⋯35, 216, 261

Hemiphragma heterophyllum Wall. 腰只花⋯116

Heritiera littoralis Dryand. 銀葉樹⋯⋯⋯77

Hernandia nymphiifolia (C. Presl) Kubitzki 蓮葉桐⋯⋯⋯24, 138

Hibiscus rosa-sinensis L. 朱槿⋯⋯⋯120, 243, 253

Hibiscus syriacus L. 木槿⋯⋯⋯206

Hibiscus taiwanensis S.Y. Hu 山芙蓉⋯⋯⋯
⋯⋯⋯122, 243, 259

Hippeastrum hybridum Hort. 孤挺花（朱頂紅）⋯
⋯⋯⋯251

Hiptage benghalensis (L.) Kurz. 猿尾藤⋯⋯294

Houttuynia cordata Thunb. 蕺菜（臭腥草、魚腥
草）⋯⋯⋯259

Hoya carnosa (L. f.) R. Br. 毬蘭⋯⋯⋯228

Hoya carnosa 'Variegata' 斑葉毬蘭⋯⋯⋯256

Hoya kerrii Craib 心葉毬蘭⋯⋯⋯137

Hydrangea chinensis Maxim. 華八仙⋯⋯⋯211

Hydrangea macrophylla (Thunb.) Ser. 繡球花（紫陽花）⋯⋯⋯211

Hydrocleys nymphoides (Willd.) Buchenau 水金英⋯⋯⋯41

Hydrocotyle setulosa Hayata 阿里山天胡荽⋯272

Hydrocotyle sibthorpioides Lam. 天胡荽⋯⋯⋯
⋯⋯⋯73, 108

Hygrophila pogonocalyx Hayata 大安水蓑衣⋯⋯
⋯⋯⋯224

Hygroryza aristata (Retz) Nees *ex* Wight & Arn. 水禾⋯⋯⋯40

Hylocereus undatus (Haw.) Britton & Rose 火龍果⋯⋯⋯101

Hyophorbe amaricaulis Mart. 酒瓶椰子⋯⋯⋯173

Hypericum nagasawai Hayata 玉山金絲桃⋯235

Hypericum taihezanense Sasaki 短柄金絲桃（無柄金絲桃）⋯⋯⋯64

I

Ilex asprella (Hook. & Arn.) Champ. 燈稱花⋯131

Illicium philippinense Merr. 白花八角⋯⋯⋯292

Impatiens tayemonii Hayata 黃花鳳仙花⋯⋯229

Impatiens uniflora Hayata 紫花鳳仙花⋯⋯⋯257

Imperata cylindrica (L.) P. Beauv. var. *major* (Nees) C.E. Hubb. *ex* Hubb. & Vaughan 白茅⋯⋯
⋯⋯⋯262

Indigofera suffruticosa Mill. 野木藍⋯⋯179, 184

Ipomoea batatas (L.) Lam. 地瓜（甘薯、蕃藷）⋯
⋯⋯⋯72

Ipomoea cairica (L.) Sweet 番仔藤（槭葉牽牛）⋯
⋯⋯⋯111, 173, 225

Ipomoea imperati (Vahl) Griseb. 厚葉牽牛⋯33

Ipomoea pes-caprae (L.) R. Br. subsp. *brasiliensis* (L.) Oostst. 馬鞍藤⋯⋯⋯50, 225

Isoetes taiwanensis DeVol 台灣水韭⋯⋯15, 39

Ixeridium laevigatum (Blume) J. H. Pak & Kawano 刀傷草⋯⋯⋯198

J

Juglans mandshurica Maxim. 野核桃⋯⋯⋯186

Juncus tobdenii Noltie 鴛鴦湖燈心草·········102

Juniperus chinensis L. var. *taiwanensis* R.P. Adams & C.F. Hsieh 清水圓柏·········114

Juniperus formosana Hayata 刺柏·········150, 309

Juniperus squamata Buch.-Ham. *ex* Lamb. 香青（玉山圓柏）·········150

K

Kadsura japonica (L.) Dunal 南五味子·········306

Kandelia obovata Sheue, H.Y. Liu & J.W.H. Yong 水筆仔·········80, 81

Keteleeria davidiana (Franchet) Beissner var. *formosana* Hayata 台灣油杉·········20, 92, 114

Koelreuteria henryi Dummer 台灣欒樹（苦苓舅）·········55, 92

Kyllinga brevifolia Rottb. 短葉水蜈蚣·········102

L

Lactuca sativa L. var. *crispa* L. 皺葉萵苣·········166

Lagerstroemia indica L. 紫薇·········236

Lagerstroemia speciosa (L.) Pers. 大花紫薇···236

Lagerstroemia subcostata Koehne 九芎·········34

Lantana camara L. 馬櫻丹·········54, 271

Lemmaphyllum microphyllum C. Presl 伏石蕨（抱樹蕨）·········47, 117

Leonurus japonicus Houtt. 益母草·········194

Lepidium virginicum L. 獨行菜·········291

Leucanthemum vulgare H.J. Lam. 法國菊···259

Lilium longiflorum Thunb. var. *formosanum* Baker 台灣百合·········98, 209, 216

Lilium speciosum Thunb. var. *gloriosoides* Baker 豔紅百合（豔紅鹿子百合）·········251

Lindera communis Hemsl. 香葉樹·········121

Lindernia ruelloides (Colsm.) Pennell 旱田草·········193

Liparis bootanensis Griff. 一葉羊耳蒜（摺疊羊耳蘭）·········99

Liparis cordifolia Hook. f. 心葉羊耳蒜（銀鈴蟲蘭）·········136

Liparis formosana Reichb. f. 寶島羊耳蒜·········200

Liquidambar formosana Hance 楓香·········82, 160

Listera japonica Blume 日本雙葉蘭·········141

Listera meifongensis H.J. Su & C.Y. Hu 梅峰雙葉蘭·········141

Litchi chinensis Sonn. 荔枝·········316, 317

Lithocarpus castanopsisifolius (Hayata) Hayata 鬼石櫟·········178, 208, 269

Lithocarpus formosanus (Hayata) Hayata 台灣石櫟·········135

Litsea cubeba (Lour.) Persoon 山胡椒·········255

Litsea elongata (Wall. *ex* Nees) Benth. & Hook. f. var. *mushaensis* (Hayata) J.C. Liao 霧社木薑子·········255

Litsea hypophaea Hayata 黃肉樹（小梗木薑子）·········255

Lonicera apodantha Ohwi 無梗忍冬·········134

Lonicera japonica Thunb. 忍冬（金銀花）····110

Loranthus kaoi (J.M. Chao) H.S. Kiu 高氏桑寄生·········48

Ludwigia ×taiwanensis C. I Peng 台灣水龍··71

Ludwigia adscendens (L.) H. Hara 白花水龍··71

Ludwigia octovalvis (Jacq.) P.H. Raven 水丁香·········218

Lycianthes biflora (Lour.) Bitter 雙花龍葵·····300

Lycopodium cernuum L. 過山龍（石松科）····67

Lycopodium complanatum L. 地刷子·········151

Lycopodium pseudoclavatum Ching 假石松·····282

Lycopodium quasipolytrichoides Hayata 反捲葉石松·········16

Lysimachia japonica Thunb. 小茄·········118

Lysimachia remota Petitm. 蓬萊珍珠菜·········223

M

Macaranga tanarius (L.) Müll. Arg. 血桐·········138, 201

Machilus thunbergii Siebold & Zucc. 豬腳楠（紅楠）·········61, 89, 267

Maclura cochinchinensis (Lour.) Corner 柘樹·········158

Malaxis latifolia Sm. 廣葉軟葉蘭·········263

Mallotus japonicus (Thunb.) Muell. Arg. 野桐·········65

Mallotus paniculatus (Lam.) Müll. Arg. 白匏子·········53

Malus domestica Borkh. 蘋果·········305

Malus doumeri (Bois.) Chev. 台灣蘋果·········91

Mangifera indica L. 檬果（芒果）·········210

Marsilea minuta L. 田字草·········173

Mazus fauriei Bonati 佛氏通泉草·········199

Mazus pumilus (Burm. f.) Steenis 通泉草·········

··224, 246

Mecardonia procumbens (Mill.) Small 黃花過長沙鼻··25

Mecodium polyanthos (Sw.) Copel. 細葉蕗蕨··177

Medinilla taiwaniana Y.P. Yang & H.Y. Liu 台灣厚距花··277

Megaceros flagellaris (Mitt.) Steph. 東亞大角蘚···12

Melaleuca leucadendron L. 白千層··········64, 87

Melastoma candidum D. Don 野牡丹······128, 260

Melia azedarach L. 楝（苦楝）··········27

Melissa axillaris Bakh. f. 蜜蜂花（山薄荷、蜂草）··221

Meringium denticulatum (Sw.) Copel. 厚壁蕨·····177

*Merremia gemella (*Burm. f.) Hallier f. 菜欒藤·····225

Michelia compressa (Maxim.) Sargent var. *formosana* Kaneh. 烏心石··········34

Mikania micrantha Kunth 小花蔓澤蘭··········38

Millettia pachycarpa Benth. 台灣魚藤··········46

Millettia pulchra (Benth.) Kurz. var. *microphylla* Dunn 小葉魚藤··········219

Mimosa pudica L. 含羞草··········168

Miscanthus floridulus (Labill.) Warb. Gramineae 五節芒··········74

Mitella formosana (Hayata) Masam. 台灣嗩吶草····214, 288

Mitrastemon kanehirai Yamam. 菱形奴草····76

Mitrastemon kawasasakii Hayata 台灣奴草····46

Momordica charantia L. 苦瓜··········303

Monachosorum henryi Christ 稀子蕨··········60

Monochoria vaginalis (Burm. f.) C. Presl 鴨舌草··········41

Monotropa hypopithys L. 錫杖花··········49

Morus alba L. 桑椹··········307

Morus australis Poir. 小桑樹（小葉桑）··········87, 159

Mucuna gigantea (Willd.) DC. subsp. *tashiroi* (Hayata) Ohashi & Tateishi 大血藤··········45

Mucuna macrocarpa Wall. 血藤··········30, 293

Murdannia keisak (Hassk.) Hand. -Mazz 水竹葉·····252

Musa ×*paradisiaca* L. 香蕉··········63, 124

Musa basjoo Siebold var. *formosana* (Warb.) S.S. Ying 台灣芭蕉（山芎蕉）··········63

Mussaenda pubescens W. T. Aiton 毛玉葉金花··········207

Myriophyllum aquaticum (Vell.) Verdc. 粉綠狐尾藻（水聚藻）··········41

N

Nageia nagi (Thunb.) Kuntze 竹柏··········193

Nandina domestica Thunb. 南天竹··········188

Neonauclea reticulata (Havil.) Merr. 欖仁鼻··121

Nuphar shimadae Hayata 台灣萍蓬草··········40

Nymphaea nouchali N.C. Burmann 藍睡蓮··········43

Nymphoides coreana (H. Lév.) H. Hara 小莕菜··········43, 136

Nymphoides indica (L.) Kuntze 印度莕菜··········43

O

Oenanthe javanica (Blume) DC. 水芹菜··········187, 230

Oenothera glazioviana Micheli 黃花月見草····198

Onychium japonicum (Thunb.) Kunze 日本金粉蕨··········17

Osbeckia chinensis L. 金錦香··········132

Osmanthus fragrans (Thunb.) Lour. 桂花··········133

Osmanthus fragrans Lour. cv. Dangui 丹桂·····281

Osmanthus heterophyllus (G. Don) P. S. Green 異葉木犀··········281

Oxalis corniculata L. 酢漿草··········137

Oxalis corymbosa DC. 紫花酢漿草····72, 98, 137

Oxalis triangularis A. St.-Hil. 紫葉酢漿草····142

P

Pachira glabra Pasq. 馬拉巴栗··········245

Paederia foetida L. 雞屎藤··········26

Palaquium formosanum Hayata 大葉山欖（台灣膠木）··········21

Paris polyphylla Sm. 七葉一枝花··········195

Parnassia palustris L. 梅花草··········235

Parsonsia laevigata (Moon) Alston 爬森藤·····318

Parthenocissus dalzielii Gagnep. 地錦（爬牆虎）··········110, 190

Pasania hancei (Benth.) Schottky var. *ternaticupula* (Hayata) J.C. Liao 三斗石櫟·····286

Passiflora edulis Sims 西番蓮（百香果）··········

························32, 171, 214, 317

Passiflora foetida L. 毛西番蓮························95

Passiflora suberosa L. 三角葉西番蓮·······95, 171

Paulownia × *taiwaniana* T.W. Hu & H.J. Chang 台灣泡桐························220

Persicaria chinensis (L.) H. Gross 火炭母草···153

Persicaria filiformis (Thunb.) Nakai ex W.T. Lee 金線草························96

Persicaria nepalensis (Meisn.) H. Gross 尼泊爾蓼（野蕎麥）························64, 152

Persicaria perfoliata (L.) H. Gross 扛板歸························141, 189

Persicaria sagittata (L.) H. Gross 箭葉蓼········148

Persicaria senticosa (Meisn.) H. Gross 刺蓼···149

Persicaria thunbergii (Siebold & Zucc.) H. Gross 戟葉蓼························149

Petasites formosanus Kitam. 台灣款冬··········261

Peucedanum formosanum Hayata 台灣前胡···210

Peucedanum japonicum Thunb. 日本前胡······298

Phaseolus coccineus L. var. *albonanus* Bailey 花豆························313

Phaseolus vulagaris L. 四季豆························230

Phegopteris decursive-pinnata (H. C. Hall) Fée 短柄卵果蕨（翅軸假金星蕨）························176

Phoenix tomentosa Hort. ex Gentil 毛海棗·······87

Photinia serratifolia (Desf.) Kalkman 台灣石楠························260

Photinia serratifolia (Desf.) Kalkman var. *daphniphylloides* (Hayata) L.T. Lu 太魯閣石楠························271

Phyllostachys pubescens Mazel ex H. de Leh. 孟宗竹（毛竹）························36

Phytolacca japonica Makino 日本商陸··········264

Picea morrisonicola Hayata 台灣雲杉······66, 104

Pieris taiwanensis Hayata 台灣馬醉木····52, 226

Pilea microphylla (L.) Liebm. 小葉冷水麻······37

Pilea peploides (Gaudich.) Hook. & Arn. var. *major* Wedd. 齒葉矮冷水麻························56

Pinanga tashiroi Hayata 山檳榔························88

Pinus armandii Franch. var. *masteriana* Hayata 台灣華山松························53, 126

Pinus elliottii Engelm. 溼地松························126

Pinus taiwanensis Hayata 台灣二葉松····53, 126

Piper kadsura (Choisy) Ohwi 風藤·······66, 158

Pistacia chinensis Bunge 黃連木························185

Pistia stratiotes L. 大萍························44, 142

Pittosporum daphniphylloides Hayata 大葉海桐························263

Plagiogyria euphlebia (Kunze) Mett. 華中瘤足蕨························117

Plantago asiatica L. 車前草························199, 289

Plantago major L. 大車前草························289

Pleione bulbocodioides (Franch.) Rolfe 台灣一葉蘭························234

Pleuromanes pallidum (Blume) C. Presl 毛葉蕨························176

Plumeria rubra L. 'Acutifolia' 緬梔（雞蛋花）························36

Poa annua L. 早熟禾························127

Podocarpus costalis C. Presl 蘭嶼羅漢松························282, 311

Podocarpus macrophyllum (Thunb.) Sweet 大葉羅漢松························14

Podocarpus nakaii Hayata 桃實百日青·······311

Pollia miranda (H. Lev.) H. Hara 小杜若········22

Polygala japonica Houtt. 瓜子金························215

Polygonatum arisanense Hayata 萎蕤··········125

Polypodium amoenum Wall. ex Mett. 阿里山水龍骨························14

Pometia pinnata J.R. Forst. & G. Forst. 番龍眼························179

Pongamia pinnata (L.) Pierre 水黃皮···134, 186

Portulaca pilosa L. 毛馬齒莧························289

Potamogeton crispus L. 馬藻························42

Potentilla leuconota D. Don 玉山金梅··········184

Pothos chinensis (Raf.) Merr. 柚葉藤······47, 180

Pourthiaea villosa (Thunb.) Decne. var. *parvifolia* (Pritz.) Iketani & H. Ohashi 小葉石楠··········305

Prunus campanulata Maxim. 山櫻花························89, 115, 161

Prunus persica (L.) Batsch 水蜜桃··········304

Prunus salicina Lindl. 李························260

Prunus transarisanensis Hayata 阿里山櫻花···206

Pseudodrynaria coronans (Wall. ex Mett.) Ching 崖薑蕨························16

Pseudotsuga sinensis Dode 黃杉························24

Psilotum nudum (L.) Beauv. 松葉蕨··········15

Pteris tokioi Masam. 鈴木氏鳳尾蕨··········17

Pyrola morrisonensis (Hayata) Hayata 玉山鹿蹄草························263

Pyrus serotina Rehder 梨··············300

Quercus dentata Thunb. 槲樹··············165

Quercus glauca Thunb. ex Murray 青剛櫟··········
·····························74, 128

Quercus salicina Blume 狹葉櫟··············310

Quercus tarokoensis Hayata 太魯閣櫟··········295

Quercus variabilis Blume 栓皮櫟··············287

R

Ranunculus cantoniensis DC. 水辣菜（禹毛茛）··
························198, 306

Ranunculus cheirophyllus Hayata 掌葉毛茛···169

Ranunculus japonicus Thunb. 毛茛··············242

Ranunculus taisanensis Hayata 鹿場毛茛···233

Raphanus sativus L. f. *raphanistroides* Makino 濱
萊菔························247, 290

Rhapis excelsa (Thunb.) A. Henry 觀音棕竹···172

Rhododendron chilanshanense Kurashige 棲蘭山
杜鵑··············254

Rhododendron formosanum Hemsl. 台灣杜鵑······
·····················129, 222, 250

Rhododendron kanehirae E.H. Wilson 烏來杜鵑···
························28

Rhododendron kawakamii Hayata 著生杜鵑（黃
花著生杜鵑）··············254

Rhododendron pseudochrysanthum Hayata 玉山
杜鵑··············257

Ribes formosanum Hayata 台灣茶藨子··········301

Rivina humilis L. 珊瑚珠··············52

Rorippa indica (L.) Hiern 葶藶··············290

Rosa transmorrisonensis Hayata 高山薔薇··········
························90, 160

Rosa bracteata Wendl. 琉球野薔薇··············280

Roystonea regia O.F. Cook 大王椰子··········88

Rubia akane Nakai 紅藤仔草（過山龍，茜草
科）··············67

Rubus croceacanthus H. Lév. 虎婆刺··········201

Rubus formosensis Kuntze 台灣懸鉤子··········120

Rubus hui Diels 胡氏懸鉤子··············174

Rubus lambertianus Ser. ex DC. 高梁泡··········267

Rubus niveus Thunb. 白絨懸鉤子··········186

Rubus pectinellus Maxim. 刺萼寒莓··········139, 306

Rubus rosifolius Sm. 刺莓··············236

Rumex japonicus Houtt. 羊蹄··············166

S

Sagittaria trifolia L. 三腳剪（慈姑）··········299

Salix fulvopubescens Hayata 褐毛柳··········207

Salix taiwanalpina Kimura var. *morrisonicola*
(Kimura) K.C. Yang & T.C. Huang 玉山柳···208

Salix warburgii Seemen 水柳··············269

Salvia nipponica Miq. var. *formosana* (Hayata)
Kudo 黃花鼠尾草··············149

Sambucus chinensis Lindl. 冇骨消··········26, 65

Sandoricum indicum Cav. 山陀兒··············181

Sanicula lamelligera Hance 三葉山芹菜··········210

Sanicula petagnioides Hayata 五葉山芹菜······242

Sassafras randaiense (Hayata) Rehder 台灣檫樹···
························21

Saxifraga stolonifera Meerb. 虎耳草··········139

Scaevola sericea Forst. f. ex Vahl 草海桐··········51

Schefflera octophylla (Lour.) Harms 鵝掌柴（江
某、高山鴨腳木）··············66, 182

Schefflera odorata (Blanco) Merr & Rolfe 鵝掌
藤··············182

Schoenoplectus mucronatus (L.) palla subsp.
robustus (Miq.) T. Koyama 水毛花···········93

Scutellaria taiwanensis C.Y. Wu 台灣黃芩······194

Sedum morrisonense Hayata 玉山佛甲草·········35

Sedum subcapitatum Hayata 穗花八寶（穗花佛
甲草）··············242

Selaginella delicatula (Desv.) Alston 全緣卷柏···
························15

Semecarpus gigantifolia Vidal 台東漆樹··········311

Senna surattensis (Burm. f.) H.S. Irwin &
Barneby 黃槐··············185

Sesuvium portulacastrum (L.) L. 海馬齒··········106

Sida rhombifolia L. subsp. *insularis* (Hatus.)
Hatus. 恆春金午時花··············107

Silene morrisonmontana (Hayata) Ohwi & H.
Ohashi 玉山蠅子草··············240

Smilax arisanensis Hayata 阿里山菝葜··········272

Smilax ocreata A. DC. 耳葉菝葜··············30

Solanum americanum Miller 光果龍葵··········301

Solanum capsicoides All. 刺茄··············248

Solanum diphyllum L. 瑪瑙珠（黃果龍葵）···38

Solanum mammosum L. 五指茄··············238

Solanum nigrum L. 龍葵··············223

349

Solanum tuberosum L. 馬鈴薯 ······················96

Solanum violaceum Ortega 印度茄 ········165, 301

Solidago virga-aurea L. var. *leiocarpa* (Benth.) A. Gray 一枝黃花 ······················104

Sonchus oleraceus L. 苦滇菜（苦菜）·······153

Spathoglottis plicata Blume 紫苞舌蘭 ···········125

Sphenoclea zeylanica Gaertn. 尖瓣花 ···········234

Sphenomeris biflora (Kaulf) Tagawa 闊片烏蕨 ···· ······················176

Spiraea formosana Hayata 台灣繡線菊 ···········271

Stachytarpheta urticifolia (Salisb.) Sims 長穗木 ··· ······················268

Staurogyne concinnula (Hance) Kuntze 哈哼花 ··· ······················246

Stellaria arisanensis (Hayata) Hayata 阿里山繁縷 ······················143

Sterculia ceramica R. Br. 蘭嶼蘋婆 ···············87

Stimpsonia chamaedryoides C. Wright *ex* A. Gray 施丁草 ······················223, 288

Sunipia andersonii (King & Pantl.) P.F. Hunt 綠花寶石蘭 ······················99

Suzukia shikikunensis Kudo 鈴木草（假馬蹄草）······················162

Swertia macrosperma (C.B. Clarke) C.B. Clarke 大籽當藥（巒大當藥）···············250

Swertia shintenensis Hayata 新店當藥 ·········65

Swertia tozanensis Hayata 高山當藥 ···········233

Swida macrophylla (Wall.) Soják 梜木 ········178

Swietenia macrophylla King 大葉桃花心木 ···183

Symplocos stellaris Brand 枇杷葉灰木 ·········281

Syneilesis subglabrata (Yamam. & Sasaki) Kitam. 高山破傘菊 ······················172

Syngonium podophyllum Schott 合果芋 ·········75

Syngonium wendlandii Schott. 絨葉合果芋 ···148

T

Tabebuia impetiginosa (DC.) Standley. 洋紅風鈴木 ······················182

Tadehagi triquetrum (L.) Ohashi subsp. *pseudotriquetrum* (DC.) Ohashi 葫蘆茶 ········180

Taeniophyllum glandulosum Blume 蜘蛛蘭 ·····79

Taiwania cryptomerioides Hayata 台灣杉 ··········· ······················92, 150

Taraxacum officinale Weber 西洋蒲公英 ·······70

Taxillus pseudochinensis (Yamam.) Danser 恆春桑寄生 ······················76

Taxodium distichum (L.) Rich. 落羽松（落羽杉）······················81

Taxus sumatrana (Miq.) de Laub. 南洋紅豆杉··· ······················317

Terminalia catappa L. 欖仁 ·················135

Ternstroemia gymnanthera (Wight & Arn.) Sprague 厚皮香 ······················249

Tetrastigma bioritsense (Hayata) T.W. Hsu & C.S. Kuoh 三腳鼈草（苗栗崖爬藤）···181

Thrixspermum laurisilvaticum (Fukuy.) Garay 黃蛾蘭（新竹風蘭）···············79

Thrixspermum saruwatarii (Hayata) Schltr. 小白蛾蘭 ······················79

Thysanotus chinensis Benth. 異蕊草 ···········127

Titanotrichum oldhamii (Hemsl.) Soler. 俄氏草（台閩苣苔）······················62, 221

Toona sinensis (A. Jussieu) M. Roemer 香椿···24

Torenia violacea (Azaola *ex* Blanco) Pennell 紫萼蝴蝶草（長梗花蜈蚣）···········246

Tournefortia argentea L. f. 白水木 ···········191, 196

Tournefortia sarmentosa Lam. 冷飯藤 ···········279

Trachelospermum asiaticum (Siebold & Zucc.) Nakai 細梗絡石 ······················227

Trachelospermum jasminoides (Lindl.) Lemaire 絡石 ······················30

Trapa bispinosa Roxb. var. *iinumai* Nakano 菱··· ······················44

Tricalysia dubia (Lindl.) Ohwi 狗骨仔 ···········238

Tricyrtis suzukii Masam. 鈴木油點草 ···········22

Trigonotis formosana Hayata 台灣附地草 ·······279

Tripterospermum alutaceifolium (T.S. Liu & Chiu C. Kuo) J. Murata 台北肺形草 ···········29

Tripterospermum lanceolatum (Hayata) H. Hara *ex* Satake 玉山肺形草（披針葉肺形草）··· ······················32, 128

Triticum aestivum L. 小麥 ···············296

Trochodendron aralioides Siebold & Zucc. 昆欄樹（雲葉）······················39, 61, 292

Tropaeolum majus L. 金蓮花 ···············140

Tuberolabium kotoense Yamam. 管唇蘭 ·········46

Typhonium blumei Nicolson & Sivadasan 土半夏 ······················97, 148

350

U

Ulmus uyematsui Hayata 阿里山櫸榆⋯⋯⋯⋯294

Uncaria lanosa Wall. var. *appendiculata* Ridsdale 恆春鉤藤⋯⋯⋯⋯⋯⋯⋯⋯⋯⋯⋯⋯⋯⋯201

Uraria crinita (L.) Desv. *ex* DC. 兔尾草⋯⋯⋯266

Urena lobata L. 野棉花⋯⋯⋯⋯⋯⋯⋯⋯⋯⋯298

V

Vaccinium merrillianum Hayata 高山越橘⋯⋯226

Vernonia gratiosa Hance 過山龍（菊科）⋯⋯⋯67

Viburnum luzonicum Rolfe 呂宋莢蒾⋯⋯⋯⋯28

Vicia radiatus L. 綠豆⋯⋯⋯⋯⋯⋯⋯⋯⋯⋯23

Victoria cruziana A.D. Orb. 克魯茲王蓮⋯⋯⋯140

Vigna angularis (Willd) Ohwi et Ohashi 紅豆⋯⋯ ⋯⋯⋯⋯⋯⋯⋯⋯⋯⋯⋯⋯⋯⋯⋯⋯316

Vigna marina (Burm.) Merr. 濱豇豆⋯⋯⋯⋯⋯219

Viola adenothrix Hayata 喜岩堇菜⋯⋯⋯⋯⋯162

Viola diffusa Ging. 茶匙黃⋯⋯⋯109, 144, 197

Viola formosana Hayata 台灣堇菜⋯⋯⋯⋯⋯162

Viola inconspicua Blume subsp. *nagasakiensis* (W. Becker) J.C. Wang & T.C. Huang 小堇菜⋯⋯⋯⋯ ⋯⋯⋯⋯⋯⋯⋯⋯⋯⋯⋯⋯⋯⋯⋯⋯229

Vitex rotundifolia L. f. 海埔姜⋯⋯⋯⋯⋯⋯51

W

Wahlenbergia marginata (Thunb.) A. DC. 細葉蘭 花參⋯⋯⋯⋯⋯⋯⋯⋯⋯⋯⋯⋯⋯⋯106

Wikstroemia mononectaria Hayata 紅蕘花⋯⋯⋯ ⋯⋯⋯⋯⋯⋯⋯⋯⋯⋯⋯⋯⋯191, 227

Wisteria sinensis (Sims) Sweet 紫藤⋯⋯⋯⋯36

Woodwardia orientalis Sw. var. *formosana* Rosenst. 台灣狗脊蕨⋯⋯⋯⋯⋯⋯⋯⋯⋯60

Woodwardia unigemmata (Makino) Nakai 生芽 狗脊蕨⋯⋯⋯⋯⋯⋯⋯⋯⋯⋯⋯⋯⋯17

Y

Yinshania rivulorm (Dunn) Al-Shehbaz, G. Yang, L.L. Lu & T.Y. Cheo 台灣假山葵⋯⋯⋯⋯291

Youngia japonica (L.) DC. subsp. formosana (Hayata) Kitam. 台灣黃鵪菜⋯⋯⋯145, 199

Youngia japonica (L.) DC. subsp. *longiflora* Babc. & Stebbins 大花黃鵪菜⋯⋯⋯⋯⋯⋯165

Ypsilandra thibetica Franch. 丫蕊花⋯⋯⋯⋯231

Yushania niitakayamensis (Hayata) Keng f. 玉山 箭竹⋯⋯⋯⋯⋯⋯⋯⋯⋯⋯⋯⋯⋯⋯78

Z

Zanthoxylum nitidum (Roxb.) DC. 雙面刺⋯⋯183

Zanthoxylum schinifolium Siebold & Zucc. 翼柄 花椒⋯⋯⋯⋯⋯⋯⋯⋯⋯⋯⋯⋯91, 183

Zea mays L. 玉蜀黍（玉米）⋯⋯⋯⋯⋯22, 315

Zehneria mucronata (Bl.) Miq. 黑果馬㾾兒⋯⋯29

Zelkova serrata (Thunb.) Makino 櫸⋯⋯⋯⋯103

Zephyranthes candida (Lindl.) Herb. 蔥蘭⋯⋯251

Zingiber officinale Rosc. 薑⋯⋯⋯⋯⋯⋯⋯⋯100

植物學中英百科圖典

作　者　彭鏡毅

英文內容審定　Mark Hughes、Travis David Schoneman

翻譯　何孟容、林力敏（推薦序）、馬思揚（作者序）

企畫選書　陳穎青

責任編輯　陳妍妏、李季鴻

協力編輯　胡嘉穎

校對　陳以瑋、陳觀斌

美術編輯／封面設計　張曉君

插圖　林哲緯

影像協力　廖于婷

特別感謝　陳正為、楊智凱

總編輯　謝宜英

行銷業務　林智萱

出版助理　陳函均

出版者　貓頭鷹出版

發行人　涂玉雲

發行　英屬蓋曼群島商家庭傳媒股份有限公司城邦分公司

104 台北市民生東路二段 141 號 2 樓

劃撥帳號：19863813；戶名：書虫股份有限公司

城邦讀書花園：www.cite.com.tw 購書服務信箱：service@readingclub.com.tw

購書服務專線：02-25007718 ～ 9（週一至週五上午 09:30-12:00；下午 13:30-17:00）

24 小時傳真專線：02-25001990；25001991

香港發行所　城邦（香港）出版集團／電話：852-25086231 ／傳真：852-25789337

馬新發行所　城邦（馬新）出版集團／電話：603-90578822 ／傳真：603-90576622

印製廠　中原造像股份有限公司

初版　2015 年 4 月初版

二刷　2018 年 5 月

定價　新台幣 660 元／港幣 220 元

ISBN　978-986-262-243-8

讀者意見信箱　owl@cph.com.tw

貓頭鷹知識網　www.owls.tw

歡迎上網訂購；大量團購請洽專線 (02)2500-7696 轉 2729

國家圖書館出版品預行編目資料

植物學中英百科圖典／彭鏡毅 著
-- 初版 . -- 臺北市：貓頭鷹出版：家庭傳媒城邦分公司發行, 2015.4
352 面；15*21 公分
　ISBN 978-986-262-243-8（精裝）
　1. 植物圖鑑　2. 臺灣

375.233　　　　　　　　　　　　　　　10404936

城邦讀書花園
www.cite.com.tw